Ihr Hobby

Öko-Aquarien

umweltfreundlich – sparsam

Kai A. Quante

bede bei Ulmer

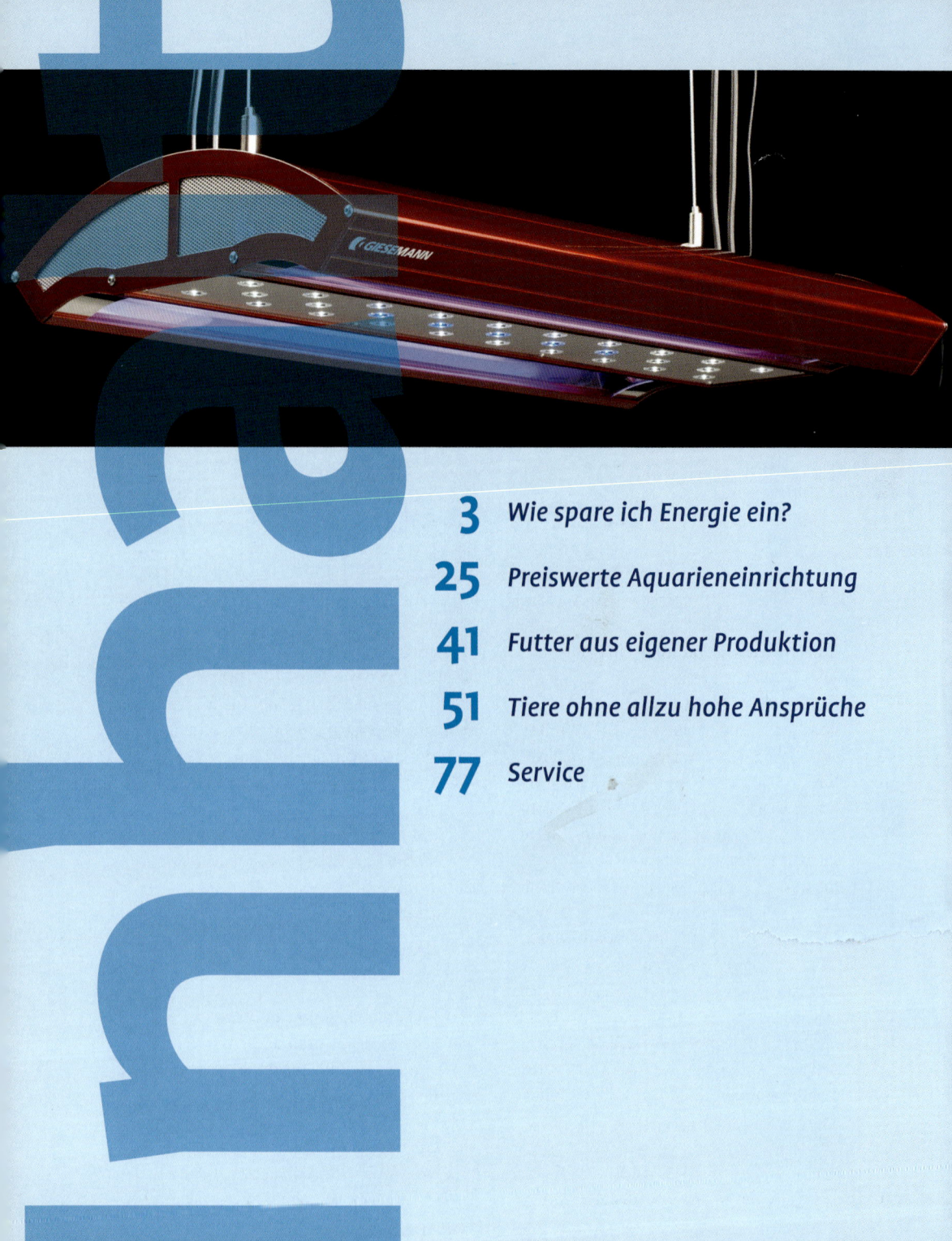

Wie spare ich **Energie** ein?

Der Betrieb eines Aquariums kostet Energie. Das macht sich nicht nur an Ihrer Stromrechnung bemerkbar. Auch die Herstellung der Produkte für das Aquarium hat Energie gekostet.

Zu Zeiten wachsenden Umweltbewusstseins und steigender Energiekosten steht auch die Aquaristik mit auf dem Prüfstand. Wir nutzen die Ressource Wasser, verwenden Energie verbrauchende Technik und halten Pflanzen und Tiere, die entweder gezüchtet oder der Natur entnommen worden sind.

All diese Aspekte werden in diesem Buch betrachtet und Ratschläge gegeben, wie die Aquaristik sparsam und energieeffizient unter Berücksichtigung des Naturschutzgedankens betrieben werden kann. Bei der Auswahl von Pflanzen und Tieren wird zusätzlich die Nachhaltigkeit in Bezug auf Zucht beziehungsweise Naturentnahmen berücksichtigt.

Bevor wir die Aquaristik von heute betrachten, schauen wir zurück auf die Anfänge der Aquaristik. Eine Filterung gab es nicht. Dies erledigten Algen oder Pflanzen, sofern das Aquarium in Fensternähe oder im Wintergarten stand, denn eine elektrische Beleuchtung fehlte ebenso. Wasserwechsel wurden selten durchgeführt, denn „Altwasser" im Aquarium hatte häufig für die Aquaristik eine bessere Qualität als das, was aus der Leitung kam.

Mitte des 19. Jahrhunderts wurde das Hobby Aquaristik in Deutschland populär. Der Naturforscher, Pädagoge und Schriftsteller Emil Adolf Roßmäßler schrieb in der Zeitschrift „Die Gartenlaube" den Artikel „Der See im Glase" über die Süßwasseraquaristik, dem aufgrund des großen Interesses 1857 sein Buch „Das Süßwasseraquarium" folgte. Damit gilt er als der Vater der Aquaristik in Deutschland.

Neben dem Goldfisch empfahl er vor allem einheimische Fische wie die Elritze und den Schlammpeitzger, die keine Ansprüche an eine Heizung des Aquariums stellten und durch Selbstfang ständig zur Verfügung standen.

Kenntnisse über die Anforderungen von Tieren und Pflanzen sowie chemische Zusammenhänge waren Mangelware, sodass Aquaristik nicht so erfolgreich betrieben werden konnte, wie es heute möglich ist.

Erst nach dem 2. Weltkrieg schritt die technische Entwicklung voran und das Verständnis für die Zusammenhänge im Aquarium wurde klarer. Beleuchtungen, Heizsysteme und Filter wurden entwickelt und sorgen bis heute dafür, den Tieren und Pflanzen die geeignete Umgebung im Aquarium zu bieten. Seit Anfang des 21. Jahrhunderts erfolgt aufgrund der starken

Technisierung der Aquaristik mit dem damit verbundenen gestiegenen Stromverbrauch und den steigenden Energiekosten die Entwicklung sparsamerer Technik. Mit den steigenden Energiekosten setzte ein Umdenken ein.

Wo lässt sich Strom sparen?

Der Strom eines Aquariums wird hauptsächlich durch Beleuchtung, Heizung und Filterung verbraucht. Wenn wir Strom sparen wollen, müssen wir bei diesen drei Verbrauchern ansetzen. Um sich vorzustellen, in welchen Dimensionen wir uns bewegen, nehmen wir als Beispiel ein etwas größeres Wohnzimmeraquarium von etwa 500 l Wasservolumen. Hier kann allein die Beleuchtung mit vier 36-Watt-Leuchtstoffröhren bei 12 Stunden Beleuchtung am Tag und einem Energiepreis von 0,25 € pro kWh über 150,– € Energiekosten im Jahr hervorrufen. Der 200-Watt-Heizstab wird bei entsprechend hoher Aquarientemperatur leicht genauso viel kosten. Zusammen mit dem Außenfilter zahlen wir

somit für das Aquarium täglich etwa 1,– € nur für Strom. Durch den Einsatz einer energiesparenden Beleuchtung, Reduktion der benötigten Heizleistung und Umstellung der Filtertechnik ist eine Energieeinsparung von über der Hälfte sehr gut möglich.

Wie lässt sich die Umwelt schonen?

Generell ist davon auszugehen, dass Aquarianer umweltbewusst sind und einen positiven Bezug zur Natur, Flora und Fauna haben, denn sonst würden sie sich nicht so intensiv mit Wassertieren und -pflanzen beschäftigen. Wer nur an dem Dekoeffekt eines toll eingerichteten Aquariums interessiert ist, der sollte sich lieber ein schönes Bild oder ein passendes Programm für den Computer zulegen, denn Aquaristik bedeutet Verantwortung gegenüber den Pfleglingen.

▲ *Beschatteter Bachlauf* ohne Pflanzen. Die hier lebenden Barben und Schmerlen benötigen im Aquarium keine helle Beleuchtung.

Wir wollen keinen Raubbau an der Natur vornehmen, sondern greifen für die Einrichtung auf natürliche Rohstoffe zurück und kaufen Tiere aus nachhaltigem Fang oder tiergerechter Zucht. Pflanzen aus pestizid- und insektizidfreier Zucht sind im Interesse unserer wirbellosen Aquarienbewohner vorzuziehen.

Das Aquarium

Das Aquarium besteht in der Regel aus stabilem und genügend dickem Glas und ist mit Silikonkautschuk verklebt. Auch wenn sicherlich beim Kauf älterer, gebrauchter Aquarien Geld gespart werden kann, so bergen diese Becken immer ein gewisses Risiko. Bei modernen Aquarien kann von einer Standzeit von mehr als zehn Jahren ausgegangen werden. Kaufen Sie ein gebrauchtes Aquarium, so kennen Sie dessen Vorgeschichte normalerweise nicht.

Mit der Zeit arbeiten sich Algen unter den Silikonkautschuk, mit dem die Scheiben verklebt sind. Möglichweise hat der Vorbesitzer mit einer Algenklinge immer gut die Ecken gereinigt, aber dabei die Silikonnaht beschädigt. Daher sollte man nicht am falschen Ende sparen, denn das Wasser eines ausgelaufenen Aquariums kann viel Schaden anrichten.

Wird ein Aquarium geheizt, so gibt es über die Scheiben Wärme an die Umgebung ab. Je wärmer das Aquarium gegenüber der Zimmertemperatur ist, um so größer ist dieser Effekt. Da der Wärmeverlust an einer normalen Scheibe bis zu siebenmal höher ist als an einer isolierten, können Sie das Aquarium an den Scheiben, durch die Sie nicht schauen möchten, mit einer Polystyrolplatte (besser bekannt als Styropor) isolieren. Diese kann zur Dekoration beklebt oder bemalt werden. Aufgrund des geringen Gewichts kann man sie leicht mit Klebeband an der Scheibe befestigen.

Im Sommer kann sich durch die Raumtemperatur, die Beleuchtung und möglicherweise einen motorbetriebenen Filter das Aquarium

deutlich über die für Tiere und Pflanzen verträgliche Temperatur aufheizen. Merken Sie sich daher, dass bei der Verdunstung von Wasser viel Energie verbraucht wird. Die Energie wird dem Wasser in Form von Wärme entzogen. Dass Verdunstung sehr effizient kühlt, weiß unser Körper, der deshalb in warmer Umgebung oder bei körperlicher Anstrengung Schweiß abgibt. Der Schweiß trocknet auf der Haut und kühlt uns damit ab.

Gleiches passiert an der Wasseroberfläche, wenn die darüber liegende Luftschicht Feuchtigkeit aufnehmen kann. Bleibt die Luft etwa über einem geschlossenen Aquarium stehen,

▲ **Ein Aquarium** selber zu kleben ist nicht schwer und kann durchaus Spaß machen!

so ist sie bald mit Wasser gesättigt und kann keine Feuchtigkeit mehr aufnehmen. Bei einem offenen Aquarium, bei dem die Luft über dem Wasser ständig in Bewegung ist, kann ständig Wasser verdunsten – das Aquarium wird gekühlt.

Dieser Kühleffekt ist im Sommer sehr nützlich, aber in der Heizperiode lästig und ein unnötiger Energiefresser. Wasser verdunstet und entzieht dem Aquarium Wärme. Mit der Aquarienheizung muss dagegen angeheizt werden.

Zum Energiesparen ist es sinnvoll, das Aquarium abzudecken. Entweder hat das Aquarium eine Komplettabdeckung mit integrierter Beleuchtung oder es wird eine Abdeckscheibe verwendet.

Für die Deckscheibe sind Glasstreben oben an den inneren Längsseiten des Aquariums notwendig, auf denen die Scheibe aufliegen kann. Die Abdeckscheibe wird nicht oben auf das Aquarium gelegt, da Wasser dann an der Deckscheibe entlang über die Kante aus dem Aquarium laufen kann. Alternativ verwenden Sie Schiebeleisten, in denen Sie die geteilten Scheiben übereinanderschieben können.

Bei der Verwendung von Abdeckscheiben ist es wichtig, sie regelmäßig von Algen und Kalkablagerungen zu reinigen, da verschmutzte Scheiben das Licht der Aquarienbeleuchtung abschirmen.

▼ **Die Komplettabdeckung** verringert die das Wasser kühlende Verdunstung und hilft somit beim Energiesparen.

Wasser kühlen

Wasser hat eine sehr hohe Wärmekapazität, es kann also sehr gut Wärme speichern. Es muss viel Energie aufgewendet werden, um Wasser zu erhitzen oder zu kühlen.

Erwärmt sich das Aquarium im Sommer stärker als gewünscht, wird als Lösung häufig Eis ins Wasser gegeben. Allerdings ist für eine deutliche Senkung sehr viel Eis nötig. Um das Wasser in einem 60 cm langen Aquarium um 5 °C abzukühlen, werden etwa 2 kg Eis aus dem Gefrierschrank benötigt. Die Herstellung von Eis kostet sehr viel Energie. Wird ein solch großer Eisklumpen ins Aquarium gegeben, muss das Wasser stark bewegt werden, um eine einigermaßen gleichmäßige Wassertemperatur zu erreichen, denn einige Fische vertragen starke Temperaturunterschiede im Aquarium überhaupt nicht.

TIPP

Bei Aquarien, die zeitweise im Sommer geöffnet werden und mit springenden Fischen besetzt sind, können Sie den Verlust von Tieren vermeiden, indem Sie mit Klettband Fliegengaze aus dem Baumarkt über das Aquarium spannen.

Alternativ können wir Aquarienwasser verdunsten lassen, denn der Energieverbrauch beim Verdunsten von Wasser ist fast siebenmal so groß wie beim Auftauen von Eis. So reicht die Verdunstung eines Glases Wasser (200 ml), um den gleichen Effekt wie 1 kg Eis zu erreichen. Die Verdunstung erfolgt dabei über die Wasseroberfläche des Aquariums. Damit keine mit Wasser gesättigte Luftschicht über dem Aquarium schwebt, öffnen Sie die Abdeckung und blasen zum Beispiel mit einem Zimmerventilator oder einem kleinen Computerlüfter über die Wasseroberfläche.

Das verdunstete Wasser wird möglichst durch destilliertes ersetzt, da sich bekanntlich nur das reine Wasser und nicht die darin enthaltenen Substanzen in Luft auflösen. So sind Temperaturabsenkungen über mehrere Grad erreichbar, wobei das Aquarium allerdings durch die Zimmertemperatur wieder aufgeheizt wird.

BEISPIELRECHNUNG

Für alle elektrischen Geräte ist angegeben, wie hoch ihre Leistungsaufnahme ist. In der Regel erfolgt die Angabe in Watt (W). Darüber hinaus müssen Sie wissen, was Ihr Energieversorger Ihnen berechnet. Die Angaben für den Energieverbrauch erfolgen in 1000 Wattstunden oder Kilowattstunden (kWh).
Nehmen wir nun an, Ihr Filter läuft das ganze Jahr rund um die Uhr, hat eine Leistung von 10 W, und Sie möchten die Jahreskosten bei 0,25 € pro kWh errechnen:

$$\frac{10\,W \times 24\,h \times 365}{1000\,Wh} \times 0{,}25\,€ = 21{,}90\,€$$

Beleuchtung

In der Aquaristik nutzen wir für das Wachstum unserer Pflanzen künstliches Licht. Ein Standort am Fenster würde das Algenwachstum fördern und wir wären nicht mehr in der Lage, die Temperatur im Aquarium zu kontrollieren. Für die Fische ist die Beleuchtung in der Regel zweitrangig, sofern sie nicht nur von einer Seite kommt (Fische richten sich in ihrem Schwimmverhalten auch nach der Lichtquelle). Eine nur leichte Beleuchtung zur Orientierung reicht für die Fische ansonsten aus.

Für die Wahl der Beleuchtung ist daher entscheidend, wieviel Licht für die Pflanzen benötigt wird, die wir im Aquarium pflegen möchten.

In der Aquaristik sind im Wesentlichen drei verschiedene Typen von Beleuchtungen im Einsatz: Leuchtstoffröhren (meist Neonröhren genannt), HQL- und HQI-Brenner sowie LED-Lampen.

Nicht nur die Technik ist bei den Lampen unterschiedlich, sondern auch die Art des Lichtes und die Energieeffizienz.

Was ist Licht?

Licht besteht aus elektromagnetischen Wellen, zu denen auch Radiowellen, Wärme- oder Röntgenstrahlen gehören. Sehen können wir Farben mit einer Wellenlänge von etwa 400 nm (Blau) bis 700 nm (Rot). Die Farbübergänge sind gut in einem Regenbogen oder mithilfe eines Prismas zu erkennen. Verschiedene Farben entstehen durch die Kombination des Lichts unterschiedlicher Wellenlängen.

Da es schwer ist, die Farbkombinationen eines Leuchtmittels anzugeben, wird sehr häufig die Farbtemperatur in Kelvin (K) genannt. Das Sonnenlicht hat an einem normalen, sonnigen Tag vormittags und nachmittags eine Farbtemperatur von etwa 5500 K. Bewegt sich die Farbtemperatur unseres Leuchtmittels unter

▼ *Leuchtstoffröhren sollten* mit Reflektoren ausgestattet sein, um das von ihnen erzeugte Licht optimal zu nutzen.

etwa 3300 K, nimmt der gelbrote Anteil zu und wir empfinden das Licht als gelblich, was als warmweiß bezeichnet wird. Farbtemperaturen von 4000–6500 K empfinden wir als weiß und in der Farbwiedergabe als neutral. Daher werden sie als neutralweiß oder Tageslicht und auch kaltweiß bezeichnet. Farbtemperaturen über 6500 K empfinden wir aufgrund ihres hohen Blauanteils als bläulich.

Um Energie bei der Beleuchtung sparen zu können, müssen wir möglichst effiziente Leuchtmittel verwenden – viel Licht bei wenig Energieaufwand.

Die Lichtmenge wird in Lumen (lm) gemessen. Erreichen Glühlampen nur eine Lichtausbeute von etwa 10–15 l/W (Lumen pro Watt), so liegt sie bei Leuchtstoffröhren bei 45–100 l/W. Leuchtstofflampen erzeugen damit bis zu zehnmal mehr Licht bei gleichem Energieaufwand wie eine Glühbirne.

Leuchtstoffröhren

Die weiteste Verbreitung haben Leuchtstoffröhren – im allgemeinen Sprachgebrauch als „Neonröhren" bezeichnet –, die es als Typen T8 und T5 sowie in verschiedenen Formen als Energiesparlampen gibt. Die kleinen Energiesparlampen sind eigentlich gebogene Leuchtstoffröhren mit einer Fassung. Sie sind für

▲ **Bei der Verwendung** *mehrerer Leuchtstoffröhren ist es möglich, verschiedene Lichtfarben miteinander zu mischen.*

kleine Nano-Aquarien geeignet und werden mit speziellen Lampen verkauft.

T8-Röhren sind mit 1 Zoll (25 mm) dicker als T5-Röhren mit 5/8 Zoll (16 mm). Auch wenn den T5-Röhren eine erheblich höhere Leuchtkraft bei geringerem Verbrauch nachgesagt wird, so nimmt sich das im Vergleich mit den T8-Röhren kaum etwas. Generell haben Leuchtstoffröhren den Nachteil, dass sie in alle Richtungen strahlen. Mit Reflektoren oder kostengünstiger mit in der Abdeckung angebrachter Alu- oder Spiegelfolie kann das Licht Richtung Aquarium gelenkt werden. Deutliche Vorteile haben dabei die T5-Röhren, da sie dünner sind und damit bei der Verwendung eines Reflektors weniger ihrem eigenen Licht im Wege sind.

Für die Nutzung in der Aquaristik ist auf das Farbspektrum zu achten. Bei Aquarienlampen ist dieses Spektrum meist als Grafik auf der Verpackung angegeben. Achten Sie auf einen höheren Anteil im roten statt im blauen Spektralbereich, da das den Pflanzen entgegenkommt.

TIPP

Die tägliche Beleuchtungsdauer sollte im Interesse der Pflanzen etwa 10–12 Stunden betragen. Mehr als 14 Stunden sind für die Pflanzen nicht zuträglich und jede Stunde kostet darüber hinaus Geld. Möchten Sie morgens und abends etwas von Ihrem Aquarium haben, legen Sie per Zeitschaltuhr über Mittag eine Beleuchtungspause von 3–5 Stunden ein. Dies kommt sogar der Natur nahe, da in den Tropen oft Gewitter und Regenschauer nachmittags den Himmel verdunkeln. Fische bekommen aus dem Zimmer genug Streulicht zur Orientierung. Die Pflanzen produzieren dann keinen Sauerstoff mehr, sondern Kohlendioxid (CO_2). Damit wird die CO_2- und Sauerstoffverteilungskurve etwas geglättet. Ohne CO_2-Düngung liegt morgens die höchste CO_2- und die niedrigste Sauerstoff-Konzentration im Wasser vor. Über den Tag ändert sich das, da die Pflanzen CO_2 verbrauchen und Sauerstoff abgeben. Da Algen sehr viel besser mit viel Sauerstoff und wenig CO_2 auskommen, fühlen sie sich dabei nicht ganz so wohl und wachsen weniger stark.

Bei einigen Röhren wird ein dreistelliger Code angegeben. Die erste Stelle gibt an, wie gut Farben wiedergegeben werden. Bei Leuchtstoffröhren ist 9 am besten, aber auch 8 sehr gut, vor allem bezüglich des Preis-Leistungs-Verhältnisses. Mit 7 oder weniger gekennzeichnete Röhren sollten Sie nicht nehmen. Die zweite und die dritte Stelle der Kennziffer geben die Lichttemperatur in Kelvin geteilt durch 100 an. Beispielsweise bedeutet 865: Tageslicht (6500 K) bei sehr guter Farbwiedergabe (8).

Die Lebensdauer von hochwertigen Leuchtstoffröhren kann mit etwa zwei Jahren angenommen werden. Der Hinweis, dass die Leistung von Leuchtstoffröhren bereits nach einem halben Jahr soweit zurückgegangen ist, dass sie ausgetauscht werden müssen, trifft heute nicht mehr zu. Ich wechsle meine Röhren nach zwei bis drei Jahren oder wenn sie defekt sind.

Als umweltfreundlich können Leuchtstofflampen nur eingeschränkt gelten, da sie zwar

weniger Energie verbrauchen als herkömmliche Glühbirnen, aber durch das Quecksilber und andere Stoffe der Beschichtung in der Röhre giftiger Sondermüll sind und an Sammelstellen zum Recycling abgegeben werden müssen. Daher Vorsicht beim Umgang mit Leuchtstofflampen: Zerstören Sie sie nicht!

HQL + HQI

Quecksilberhochdrucklampen (kurz HQL) haben eine relativ hohe Energieeffizienz. Allerdings werden in der Aquaristik nur sehr leuchtstarke Lampen verwendet, die eine Leistungsaufnahme von über 100 W haben. Damit werden sie für hohe und (aufgrund der starken Wärmeentwicklung) offene Aquarien verwendet. HQL-Lampen sind aufgrund des starken Blauanteils im Licht eher algen- als pflanzenfördernd und daher nicht für die Aquaristik zu empfehlen.

Halogenhochdrucklampen (HQI) sind eine Weiterentwicklung der HQL-Lampen und erreichen durch Zusatzstoffe eine verbesserte Farbwiedergabe. Sie haben eine Lichtausbeute von über 100 l/W und damit eine sehr gute Energieeffizienz. Allerdings sind auch sie aus den gleichen Gründen wie die HQL-Lampen nur für größere, offene Becken geeignet.

◄ *Für kleine Aquarien* werden im Zoofachhandel platzsparende LED-Leuchten mit geringem Energieverbrauch angeboten.

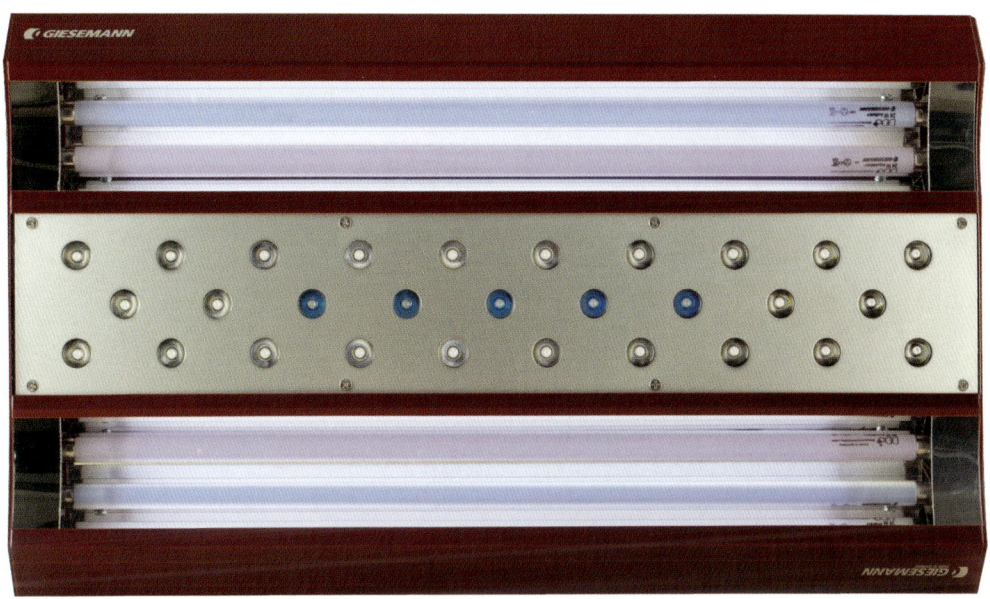

HQL- und HQI-Lampen enthalten wie die Leuchtstofflampen Quecksilber und sind damit nicht umweltverträglich, sondern Sondermüll, falls sie defekt sind.

LED

LED bedeutet „Licht emittierende Diode". In neuen Autos leuchten sie uns als Tagfahrlicht entgegen. Aufgrund ihrer Bauweise geben weiße Leuchtdioden in der Regel nur wenig Rot ab, das jedoch von den Pflanzen benötigt wird. Je nach Bauweise wird Blau auch stark reduziert oder bleibt in Teilen erhalten. Daher empfiehlt es sich (zurzeit noch), weiße Dioden insbesondere mit roten zu ergänzen, um das Pflanzenwachstum zu fördern. Oder Sie können gleich nur farbige LEDs, zum Beispiel rote, grüne und blaue, in gewünschter Menge kombinieren.

Im Handel erhältliche LEDs erreichen inzwischen eine Lichteffizienz von über 100 lm/W und bewegen sich damit im Effizienzbereich über den Leuchtstoffröhren. Der große Vorteil von LEDs ist, dass sie ihr Licht gerichtet abgeben. Damit entfällt das umständliche Umlenken des Lichts per Reflektor. Das komplette Licht strahlt in Richtung Aquarium und kann auch den Betrachter nicht mehr blenden. LEDs sind relativ klein. Und auch Hochleistungs-LEDs, die mit einem Kühlkörper gekühlt werden müssen, sind platzsparend montierbar.

Darüber hinaus haben LEDs eine Lebenserwartung von etwa zehn Jahren, also fünfmal länger als Leuchtstoffröhren, wodurch sich der höhere Anschaffungspreis rechnen kann.

Fazit

Durchsetzen wird sich in der Aquaristik die LED-Technologie, denn die Energieeffizienz ist besser als bei Leuchtstoffröhren. LEDs haben eine sehr viel längere Lebensdauer und sind platzsparender. Wann sich der Um- oder Einstieg in die LED-Technologie endgültig lohnt, hängt von der Preisentwicklung und der Qualität der LEDs für die Aquaristik ab.

▲ *Weiße LEDs können mit farbigen oder mit Leuchtstoffröhren kombiniert werden, um Schwächen im blauen und roten Bereich auszugleichen.*

Wer anspruchslose Pflanzen hat, die mit wenig Licht auskommen, und nur eine gezielte oder teilweise Beleuchtung seines Aquariums wünscht, der kann jederzeit auf die billigen und sehr sparsamen LED-Varianten aus dem Baumarkt zurückgreifen.

Generell kann gesagt werden: Je weniger Licht die verwendeten Pflanzen benötigen und je niedriger der Wasserstand ist, desto weniger Licht und daher Energie wird benötigt.

Ich selbst verwende für meine 125 × 50 × 35 cm (Breite × Tiefe × Höhe) großen Aquarien T8-Leuchtstoffröhren der Typen 840 und 865. Sie sind preislich attraktiv und die Lichtfarbe

▲ **Mittlerweile werden** *auch Motor-Außenfilter angeboten, die für einen geringen Energieverbrauch konzipiert sind.*

bewegt sich im für Pflanzen und Menschen angenehmen Bereich. Das reicht für meine Moose, Farne und Speerblätter vollkommen aus. Mit der Zeit werde ich auf LEDs umsteigen.

Filter

Um sich Gedanken über eine Leistungsoptimierung und Kostensenkung bei der Filterung zu machen, müssen Sie wissen, wozu überhaupt der Filter im Einsatz ist. Grundsätzlich wird durch den Filter Wasser bewegt, und durch das Filtermedium wird es gereinigt.

Durch die Wasserbewegung ist die Wassertemperatur im Aquarium relativ einheitlich. In einem großen Aquarium mit einem Stabheizer oder durch eine kräftige Beleuchtung kann der Verzicht auf Strömung zu Temperaturunterschieden von mehreren Grad Celsius zwischen Oberfläche und Boden führen. Dieses Phänomen kennt jeder von uns, der schon einmal in einem Baggersee gebadet hat. Die obere Wasserschicht erwärmt sich durch die Sonneneinstrahlung, während durch die fehlende Umwälzung das Wasser in tieferen Schichten kalt bleibt. Dieser Effekt wird noch dadurch verstärkt, dass wärmeres Wasser leichter als kaltes ist und

TIPP

Durch reichliche Fütterung und viele Fische im Aquarium steigen Nitrat- und Phosphatgehalt im Wasser stark an. Es gibt schnell wachsende Pflanzen, die viel Nitrat und Phosphat aufnehmen. Schwimmpflanzen wie verschiedene Arten der Wasserlinsen und der Hornfarn *Ceratopteris cornuta* gehören dazu. Durch regelmäßiges Entfernen von Pflanzen entfernen Sie die aufgenommenen Stoffe gleich mit. Der Nachteil dieser Schwimmpflanzen ist, dass sie das Aquarium abdunkeln und darunter wachsenden Pflanzen kaum Licht lassen.

somit nach oben steigt beziehungsweise oben bleibt. Zu beachten ist das, wenn wir Tiere in ihrem unteren Temperaturbereich halten und die Temperatur in der Nähe der Wasseroberfläche messen.

An der Wasseroberfläche kommt es zu einem Gasaustausch mit der Luft, der durch eine Wasserbewegung noch verstärkt wird. Das ist gewollt, damit das Wasser Sauerstoff aus der Luft aufnimmt. Nicht gewollt ist, zumindest tagsüber, ein Austrieb von CO_2 aus dem Wasser, da Kohlendioxid als wichtiger Baustoff von den Pflanzen benötigt wird. Mehr dazu finden Sie im Kapitel über Pflanzen.

Ein Filter dient dazu, Schwebstoffe mechanisch aus dem Wasser herauszufiltern und damit das Wasser zu klären. Seine weitere Aufgabe ist, den Filterbakterien einen Platz zu bieten, an dem sie sich festsetzen können. Filterbakterien siedeln sich an der Oberfläche des Filtermate-

rials an. Im Aquarium haben sie die Aufgabe, unerwünschte chemische Verbindungen in weniger schädliche umzuwandeln.

Hersteller bieten Filtermaterial zum Austausch an. Leider weisen einige darauf hin, dass der Austausch regelmäßig, teils im Zwei-Wochen-Takt, erfolgen soll. Das ist erstens teuer und zweitens völlig falsch. Ist Filtermaterial so verschmutzt, dass kein Wasser mehr hindurchfließen kann, wird es in einem Eimer mit Aquarienwasser ausgewaschen und wieder verwendet. Muss es ausgetauscht werden, so wechseln Sie immer nur einen Teil, damit die verbliebenen Filterbakterien weiter arbeiten und sich auf dem neuen Filtersubstrat ansiedeln

▼ **Motor-Innenfilter verbrauchen** *in der Regel weniger Energie als Motor-Außenfilter. Dafür ist das für Filtermaterial zur Verfügung stehende Volumen geringer.*

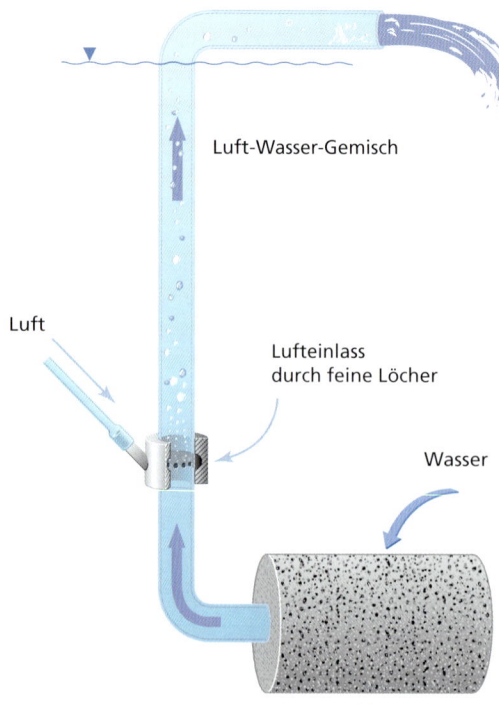

Luft-Wasser-Gemisch

Luft

Lufteinlass
durch feine Löcher

Wasser

Schaumstoffpatrone

und vermehren können. Eine sehr gute Wasserqualität ist das entscheidende Kriterium für die erfolgreiche Haltung und Zucht von Fischen und Wirbellosen.

Die Filterleistung wird durch die Fläche definiert, an der sich die Filterbakterien ansiedeln können, und nicht durch die Geschwindigkeit des vorbeiströmenden Wassers.

Herkömmliche Innenfilter haben eine relativ starke Pumpe und wenig Filtervolumen. Außenfilter benötigen dagegen keinen Platz im Aquarium, weshalb in den Filterbehältern mehr Filtermaterial untergebracht werden kann.

Als Innenfilter werden insbesondere für kleinere Aquarien Filter mit Lufthebertechnik verwendet. Luft wird mit einer Pumpe unter

▲ *Ein Schaumstoffpatronenfilter bietet die Möglichkeit, kleinere Aquarien energiesparend zu filtern.*

Wasser in ein Rohr geblasen. Die in Blasen aufsteigende Luft transportiert das Wasser, das oben im gebogenen Rohr wieder austritt. Das angesaugte Wasser fließt vor dem Eintritt in das Rohr durch einen Filterschwamm. Je feinperliger die Luftblasen sind, umso mehr Wasser wird transportiert und umso effektiver läuft der Filter. Aufgrund der geringen Ansaugwirkung und der Anreicherung des Wassers mit Sauerstoff sind sie hervorragend für Aquarien mit Wirbellosen oder sauerstoffbedürftigen Fischen geeignet. Alternativ wird ein Innenfilter mit einer Filtermatte genutzt, der aufgrund seines großen Filtervolumens und der geringen Durchflussgeschwindigkeit sehr effektiv ist.

Mattenfilter

Das Prinzip des Mattenfilters ist so genial wie einfach. Für den Bau werden spezielle Filtermatten aus dem Fachhandel verwendet, die in verschiedenen Stärken und mit verschiedenen Porengrößen zu kaufen sind. Je kleiner die Poren sind, umso größer ist die von den Bakterien zu besiedelnde Oberfläche. Allerdings setzen sich die kleinen Poren am schnellsten zu. Für Aquarien mit viel Mulm produzierenden Tieren, wie es zum Beispiel viele laubfressende Krebse sind, verwenden Sie daher Matten mit großen Poren.

FUTTERTIPP

Waschen Sie einen Filter in einem Eimer mit Aquarienwasser aus und lassen die Brühe etwas stehen, setzt sich am Boden eine braune Masse ab. Diese Sammlung aus totem und lebendem organischem und anorganischem Material eignet sich hervorragend für die Fütterung von kleinen Panzerwelsen und Zwerggarnelen. Das entspricht nämlich genau dem, was sie in der Natur in ruhigen Zonen neben zerfallendem Laub auch finden.

Die Größe des Mattenfilters wählen Sie entsprechend des vorhandenen Platzes im Aquarium. In meinen Aquarien mit einer Grundfläche von 30 × 50 cm (Breite × Tiefe) bis 60 × 50 cm und einer Höhe von 35 cm verwende ich 5 cm dicke Filtermatten mit einer Breite von 10 cm und Beckenhöhe. In einigen Aquarien nutze ich zwei Matten hintereinander. Verglichen mit den kleinen Filtereinsätzen von Standardinnenfiltern ist das ein 10- bis 50-fach größeres Filtervolumen, das in der Wirkung sehr gut mit Außenfiltern mithalten kann.

Die Matte wird so installiert, dass hinter ihr ein Bereich ist, in den Wasser nur gelangen kann, indem es durch die Matte fließt. Um das zu erreichen, wird folglich das Wasser hinter der Matte mit einer Motorpumpe oder einem Luftheber von hinten nach vorn ins Aquarium gepumpt. Aufgrund des entstehenden Druckunterschieds fließt Wasser aus dem vorderen Bereich durch die Matte nach.

Die Filtermatten müssen nur dann ausgespült werden, wenn der Durchfluss merklich zurückgeht. Das ist daran zu erkennen, dass der Höhenunterschied des Wasserstands vor und hinter der Matte mehr als etwa 3 cm beträgt. Diesen Zustand sollte das Aquarium erst nach vielen Monaten oder Jahren erreichen.

Sie können den Filter im Aquarium selbst auswaschen, wenn ein Mulmboden gewünscht ist. Ansonsten nehmen Sie den Schwamm heraus und reinigen ihn in einem Eimer mit Aquarienwasser. Das Herausheben sollten Sie schnell machen, damit die braune Brühe nicht zurück ins Aquarium läuft. Bitte halten Sie einen Eimer unter den Schwamm, damit nichts auf dem Boden landet. Sie dürfen den Filterschwamm zum Saubermachen nie mit heißem Wasser auswaschen, da dadurch sämtliche nützlichen Bakterien abgetötet werden!

Insbesondere beim Betrieb mit einem Luftheber kann der Mattenfilter mit nur wenig Strom betrieben werden und ist damit für Aquarien aller Größen geeignet.

▼ *Mattenfilter können* mit kleinen Kreiselpumpen oder energiesparender mit Lufthebern betrieben werden.

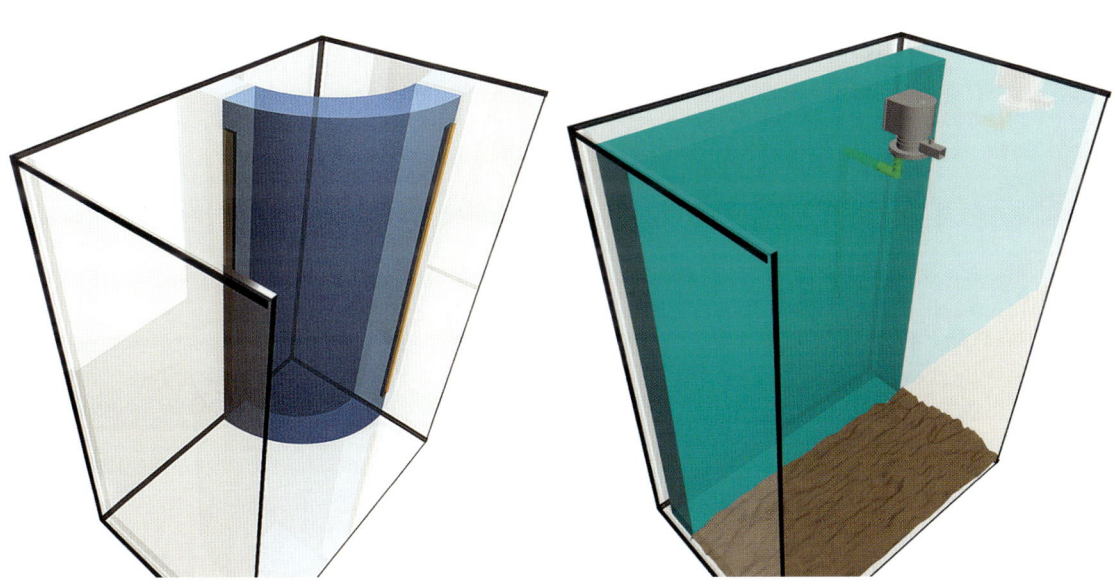

Filterprozesse

Es gibt im Aquarium unterschiedliche Bakteriengruppen, die in verschiedenen Prozessen die ins Wasser gelangten organischen Stoffe umwandeln. Das Endprodukt des wichtigsten Umwandlungsprozesses (Nitrifikation genannt) ist Nitrat. Ein weiterer Stoff, der gern von Algen aufgenommen wird, ist Phosphat.

Um erfolgreich zu arbeiten, benötigen diese Bakterien Sauerstoff. Daher darf ein Filter nicht länger als einige Minuten ausgeschaltet werden, denn ohne den lebenswichtigen Sauerstoff sterben die Bakterien und belasten das Wasser.

Die Quelle der unerwünschten Stoffe sind zum Beispiel nicht gefressenes Fischfutter, Pflanzenreste, tote Tiere und Ausscheidungen der Fische. Ein Filter kann nur etwas in unschädlichere Stoffe umwandeln, aber nichts aus dem Aquarium entfernen!

Das Nitrat wird von einigen Pflanzen direkt oder in einer Vorstufe aufgenommen. In stark bepflanzten Becken mit geringer Fütterung kann es in Ausnahmefällen sogar zu einem Mangel kommen. Für das Trinkwasser ist in Deutschland ein Grenzwert von 50 mg/l festgesetzt. Im Aquarium sollte der Wert jedoch möglichst nicht über 20 mg/l liegen, was durch eine starke Bepflanzung und Wasserwechsel mit unbelastetem Wasser erreicht wird.

Bei einem regelmäßigen Wasserwechsel, wenigen Fischen und gutem Pflanzenwuchs kann sogar auf eine Filterung vollständig verzichtet werden.

Wird der Stromverbrauch von Filtern betrachtet, so ist er im Verhältnis zu dem der Beleuchtung zwar geringer, aber nicht zu vernachlässigen.

Nehmen wir ein normales Aquarium von 60 bis 100 l Volumen an, so können wir von folgenden Kosten ausgehen:

- Luftpumpe für Luftheber- oder Mattenfilter (ca. 2,5 W) => 5,50 € / Jahr
- Innenfilter (ca. 5 W) => 11 € / Jahr
- Außenfilter (ca. 10 W) => 22 € / Jahr

TIPP

Mulm im Aquarium mag zwar dem ästhetischen Empfinden eines manchen Aquarianers widersprechen, doch er enthält für viele Wirbellose wichtige Nährstoffe. Auch der aus der Filtermatte entfernte Mulm kann von daher noch verwendet werden.

Außenfilter verbrauchen somit ungefähr viermal soviel Strom wie etwa gleich leistungsstarke Filter mit Luftheber.

Außerdem ist mit einem Außenfilter nur ein Aquarium zu betreiben. Mit einer Luftpumpe dagegen können Sie mehrere Aquarien versorgen. Mit leistungsfähigen Luftpumpen von 20 W Leistung lassen sich bis zu 20 mittelgroße Aquarien betreiben, die nur 1/10 des Energiebedarfs eines Außenfilters haben. Das ist bei Weitem energiesparender als die Nutzung einzelner motorbetriebener Innen- oder Außenfilter in jedem Becken.

Wasser und Heizung

Nitrat als Endprodukt des Filterungsprozesses wird zum Teil von den Pflanzen als Nährstoff aufgenommen, reichert sich allerdings im Wesentlichen im Aquarium an. Es kann normalerweise nur durch Wasserwechsel aus dem Aquarium entfernt werden. Wenn Sie einmal keine Lust zum Wasserwechsel haben, denken Sie einfach daran, dass Ihre Fische im Aquarienwasser sowohl fressen als auch verdauen.

Und das Ergebnis dieses Prozesses wollen Sie ihnen sicherlich nicht in zu hoher Konzentration antun, richtig?

Für den Wasserwechsel gibt es unterschiedliche Strategien. Manche wechseln eher weniger, aber dafür häufiger. Andere schwören auf

TIPP ZUM BLUMENGIESSEN

Verwenden Sie das Wasser vom Wasserwechsel und das Schmutzwasser vom Filterauswaschen zum Gießen der Blumen, die sich darüber freuen. Es ist schön warm und durch die Ausscheidungen der Fische sowie die Fütterung nährstoffreich. Gerade die Abfallstoffe aus der Verdauung der Aquarienbewohner machen das Wasser so geeignet. Natürlich kann nicht jedes Aquarienwasser als Gießwasser verwendet werden. Wasser, das Medikamentenrückstände enthält oder durch die Zugabe von Bikarbonaten künstlich aufgehärtet wurde, ist nicht geeignet.

WASSERWECHSEL

Nitrat wird als Endprodukt des Filterprozesses zum Teil von Pflanzen als Nährstoff aufgenommen, reichert sich allerdings auch im Aquarium an. Mit vertretbarem Aufwand kann es nur durch Wasserwechsel aus dem Aquarium entfernt werden. Dafür gibt es unterschiedliche Strategien. Manche Aquarianer wechseln eher wenig Wasser, aber dafür häufiger, wohingegen andere auf umfangreiche Wasserwechsel schwören. Beide Vorgehensweisen haben ihre Berechtigung.

Vorgehensweise 1: Immer dann, wenn das frische Wasser sich in Härte und pH-Wert stark vom Aquarienwasser unterscheidet, sollten Sie häufiger, aber dafür weniger Wasser wechseln. Mit einem Litermessbecher kann man jeden Tag eine geringe Menge Wasser austauschen.

Vorgehensweise 2: Entsprechen die Werte des Frischwassers nahezu den Werten des Aquarienwassers, ist ein regelmäßiger, umfangreicher Wasserwechsel angebracht, da mit ihm Schadstoffe effizient entfernt werden können. Leitungswasser hat meistens Trinkwasserqualität und kommt mit einem pH-Wert von etwa 7,5 bis 8 aus der Leitung. Für große Wasserwechsel im Aquarium sollte das frische Wasser allerdings einige Stunden lang abgestanden und ausreichend temperiert sein.

– 5 Liter Wasser
mit 40 mg Nitrat/Liter
= 200 mg Nitrat

+ 5 Liter Frischwasser
mit 0 mg Nitrat/Liter
= 0 mg Nitrat

KOSTENRECHNUNG

Um 1 l Wasser um 5 °C zu erwärmen, wird eine Energie von etwa 6 Wh benötigt.
Beispiel: Leitungswasser hat 10 °C, Aquarientemperatur soll 25 °C sein, 20 l Wasserwechsel, 0,25 €/kWh:

$$\frac{20 \times (25{-}10)}{5} \times \frac{6 \times 0,25\,€}{1000} = 0,09\,€$$

Zum Vergleich kostet das Kochen von 1,5 l Teewasser bei 10 °C Ausgangstemperatur etwa 0,04 €. Ein Vollbad mit 200 l Badewasser und 35 °C würde mit einem elektrischen Durchlauferhitzer etwa 1,50 € Strom kosten.

umfangreiche Wasserwechsel. Beide Vorgehensweisen haben ihre Berechtigung. Immer dann, wenn das Wechselwasser sich in Härte und pH-Wert stark von den Aquarienbedingungen unterscheidet, wird häufiger, aber dafür weniger Wasser gewechselt. Entsprechen die Werte des Wechselwassers nahezu den Werten des Aquariums, ist ein regelmäßiger umfangreicher Wasserwechsel angebracht, da damit Schadstoffe effizienter entfernt werden können.

Das ist mit dem Abwaschen eines Glases zu vergleichen. Dort gießen sie auch nicht etwas dreckiges Wasser ab und sauberes wieder auf, bis es rein ist, sondern machen komplette „Wasserwechsel".

Für große Wasserwechsel sollte das Frischwasser allerdings einige Stunden abgestanden und am besten belüftet worden sein, damit überschüssige Gase, darunter in seltenen Fällen Chlor, entweichen können. Außerdem nimmt das Wasser im Eimer oder der Wassertonne Raumtemperatur an, ohne dass Sie es zusätzlich aufheizen müssen. Stellen Sie den alten Eimer bitte nicht auf einen empfindlichen Boden oder einen Teppich, da sich außen am Eimer mit

kaltem Wasser Feuchtigkeit niederschlägt, das auf den Boden laufen kann.

Heizung

War Aquaristik in den Anfängen ein Hobby der Kaltwasser- und Wechseltemperaturaquaristik, so hat sich seit den 1980er Jahren die Konstanttemperaturaquaristik verbreitet. Aquarienthermometer gaukeln uns vor, dass die Temperatur am besten im Bereich um 25 °C liegen soll, da dieser in der Skala farblich hervorgehoben ist. Fein einstellbare Thermostate lassen sich bis auf Nachkommastellen regeln. Darüber hinaus wissen wir vielleicht noch, dass Diskus-Buntbarsche, Harnischwelse der Gattung *Hypancistrus* oder Garnelen aus den Seen Sulawesis bei nahezu 30 °C zu halten sind.

Zwischen dem Aquarium und dem Raum herrscht oft ein Temperaturgefälle. Das Aquarium soll beispielsweise 25 °C haben und den Raum haben wir im Winter auf 20 °C geheizt.

▲ *Beachten Sie* die Ansprüche Ihrer Fische und stellen Sie den Thermostat des Heizers nicht unnötig hoch ein.

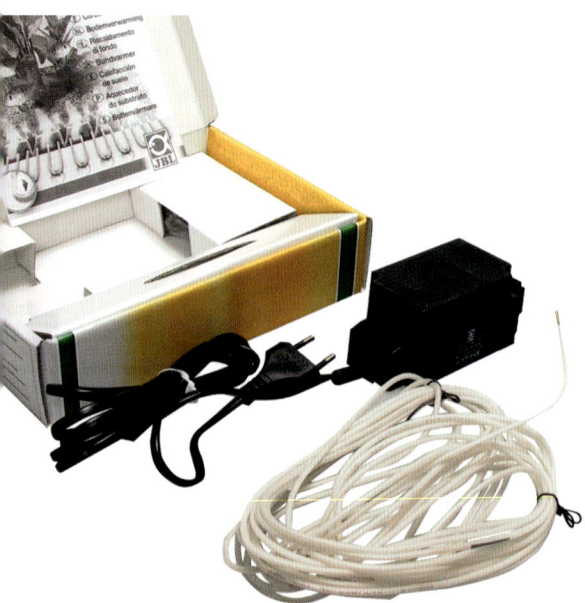

TIPP

Wenn die Aquarienscheiben hinten und an den Seiten mit einer geeigneten Isolierung wie Styroporplatten versehen werden, kann einige Heizenergie eingespart werden.

der Lebewesen, der auch Wärme produziert. Normalerweise erreichen wir somit 20–23 °C Wassertemperatur. Ein Motorinnenfilter kann noch einmal eine leichte Erhöhung bringen. Wer auf eine Heizung verzichten möchte, findet bereits sehr viele Tiere, die sich bei den Temperaturen wohlfühlen. Einige davon werden in der Artenaufstellung in diesem Buch vorgestellt.

In der Aquaristik werden zur Wassererwärmung Stabheizer und Bodenheizungen verwendet. Stabheizer haben normalerweise einen integrierten Thermostat zur Temperatureinstellung. Um unnötige Schaltvorgänge und eine ausreichende Heizleistung zu gewährleisten, ist als Richtwert etwa 1 W pro Liter Aquarienwasser einzuplanen, wobei die Heizung je nach Zieltemperatur nicht die ganze Zeit arbeitet. Die Wasserbewegung durch den Filter sorgt für die Temperaturangleichung im Aquarium.

Bodenheizungen sind Heizkabel, die mit Abstandshaltern vor Einbringung des Bodengrunds auf der Bodenscheibe installiert werden. Mit einem zusätzlichen Thermostat wird die Temperatur geregelt. Durch die Erwärmung des Aquarienbodens steigt das warme Wasser im Bereich der Kabel auf und kühleres strömt

Aus dem Physikunterricht wissen wir, dass der wärmere Körper (hier das Aquarium) seine Energie an angrenzende Körper (die Raumluft) abgibt und sich die Temperaturen dadurch angleichen. Je höher nun die Temperaturdifferenz ist, umso mehr Energie muss aufgewendet werden, um den warmen Körper warm zu halten.

Wasser mit Strom zu heizen, denn eine andere Möglichkeit gibt es für ein einzelnes Aquarium nicht, ist eine kostspielige Angelegenheit. Je größer die Temperaturdifferenz zur Raumtemperatur ist, umso mehr Energie wird benötigt, und damit wird es teurer.

Betreiben wir die Aquaristik ohne Heizung und haben ein geschlossenes Aquarium mit Beleuchtung, so liegt die Aquarientemperatur etwa 1–3 °C über der Raumtemperatur. Grund für die leichte Erhöhung sind die Absorption von Licht, das in Wärme umgewandelt wird, die Pumpen und – es ist kaum zu glauben – der Stoffwechsel

▲ *Heizkabel werden* im Bodengrund verlegt und sorgen auch dafür, dass das Substrat vom Wasser durchströmt wird.

HINWEIS

Luftentfeuchter mit einem Salz, das Wasser aus der Luft aufnehmen soll, bringen gar nichts. Ihre Wasseraufnahmemenge ist so gering, dass sich die Investition nicht lohnt.

zwischen den Heizkabeln nach, wodurch eine Durchflutung des Bodens erreicht wird. Faulstellen können damit nicht entstehen. Allerdings muss der Bodengrund wasserdurchlässig, mindestens 5 cm dick und nicht zu feinkörnig sein. Vielfach wachsen in den Boden eingesetzte Pflanzen mit warmen Füßen besser. Für die Bodenheizung wählen wir eine Leistung von maximal 0,5 W/l.

Der Stromverbrauch nimmt sich allerdings bei beiden nichts, denn die Heizleistung ist etwa gleich, da die Bodenheizung gleichmäßiger und länger in Betrieb ist als die Stabheizung. Die Richtwerte beziehen sich auf Aquarien in einer normal beheizten Wohnung (etwa 20 °C Raumtemperatur) und etwa 25–27 °C Wassertemperatur. Für ein offenes Aquarium in einem kühlen Kellerraum wird eine Leistung von 1 W/l nicht ausreichen, wenn die Temperatur über 25 °C liegen soll.

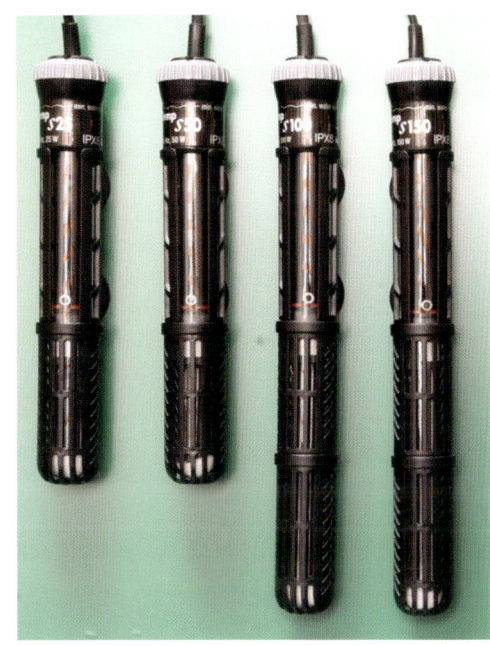

Die Leistung der Heizung wird knapp gewählt, damit sie das Aquarium nicht überhitzt, falls der Thermostat defekt ist und sie ständig läuft.

Aquarianer mit eigenem Aquarienzimmer heizen am besten gleich das ganze Zimmer mit der Raumheizung, denn das ist günstiger als das Heizen mit Strom. Werden Aquarienregale mit übereinander stehenden Aquarien genutzt, so sind oben die wärmeren und unten die kälteren, da die warme Heizungsluft nach oben steigt. Ein langsam laufender Deckenventilator kann bei Bedarf für eine Gleichverteilung der Temperatur im Raum sorgen.

Lösungen zur Luftfeuchtigkeit

Ist ein Aquarium offen und wird es geheizt, verdunstet Wasser in die Wohnung. Das kann bis zu 10 % des Wasservolumens pro Woche ausmachen. Die Luftfeuchtigkeit im Raum steigt dadurch an und kann in kleinen Räumen mit vielen oder großen Aquarien deutlich zu hoch werden, sodass Feuchtigkeit an kühlen Wandstellen kondensiert und es damit zu Schimmelbildung kommen kann. Die Verwendung eines elektrischen Luftentfeuchters ist nur eingeschränkt sinnvoll, denn wird er zu stark eingestellt, entzieht er der Luft viel Feuchtigkeit, die gleich wieder aus dem Aquarium verdunstet. Die Luftentfeuchter verbrauchen viel Energie, denn sie erreichen die Entfeuchtung durch Kühlrippen, an denen das Wasser der Luft kondensiert. Im Gegenzug muss die Aquarienheizung stärker arbeiten, denn das verdunstende Wasser entzieht dem Aquarium ebenfalls Energie in Form von Wärme.

Energiesparender ist, die Aquarien abzudecken und darüber hinaus überschüssige Luft-

▲ **Stabheizer werden** *in verschiedenen Größen und mit unterschiedlicher Leistung angeboten. Achten Sie darauf, dass sie für Ihr Aquarium nicht überdimensioniert sind.*

feuchtigkeit im Raum durch regelmäßiges und dann kräftiges Lüften zu entfernen.

Kostenberechnung

Sicher möchten Sie nun anhand von konkreten Beispielen wissen, wie die verschiedenen technischen Lösungen in Bezug auf die Kosten abschneiden. In der Tabelle unten finden Sie Vergleichswerte, die sich auf ein 60-cm-Standardaquarium beziehen. Falls Sie eigene Berechnungen anstellen wollen, dann sei hier als Beispiel die Leuchtstoffröhre (T8) mit 15 W und einer täglichen Betriebsdauer von 12 Stunden bei 0,25 € pro kWh dargestellt:

$$\frac{15 \text{ W} \times 12 \text{ h} \times 365}{1000 \text{ Wh}} \times 0,25 \text{ € } = 16,43 \text{ €}$$

Ein interessantes Kostenberechnungstool stellt Gerald Gantschnigg auf www.forumnanoaquaristik.de für Forenmitglieder zur Verfügung.

KOSTEN PRO JAHR

Nachfolgend nehmen wir die Energiekosten für ein 60-cm-Standardaquarium mit 50 l Wasserinhalt an. Dabei handelt es sich um Schätzwerte, die abhängig sind von weiteren Faktoren wie insbesondere Aquarien- und Zimmertemperatur, offenes oder geschlossenes Aquarium und anderen. Ich gehe hier von einer Zimmertemperatur von etwa 20 °C und einer Aquarientemperatur von 25 °C aus. Wasserwechsel sind nicht berücksichtigt.

Verbraucher	Leistung	Dauer pro Tag	Kosten pro Jahr (0,25 € / kWh)
Beleuchtung			
Leuchtstoffröhre (T8)	15 Watt	12 h	16 €
LED	8 Watt	12 h	9 €
Heizung			
Aquarium offen	1 kWh/Tag	24 h	91 €
Aquarium geschlossen	0,7 kWh/Tag	24 h	64 €
Aquarium geschlossen und isoliert	0,4 kWh/Tag	24 h	36 €
Filter			
Luftheber	2,5 Watt	24 h	5,50 €
Innenfilter	5 Watt	24 h	11 €
Außenfilter	10 Watt	24 h	22 €

WELCHE GERÄTE SIND SPARSAMER?

Verbraucher	Vorteile	Nachteile
Beleuchtung		
Leuchtstoffröhre (T8)	günstige Anschaffung	dicker als T5-Röhren, geringe Lebensdauer im Vergleich zu LED
Leuchtstoffröhre (T5)	dünn und gutes Lichtspektrum	höherer Anschaffungspreis als bei T8
HQI	hohe Leuchtkraft für große und tiefe Aquarien, effizient	starke Wärmeentwicklung, daher nur für offene Aquarien; hohe Stromkosten aufgrund hoher Leistung
LED	lange Lebensdauer, platzsparend, effizient	hoher Anschaffungspreis
Heizung		
Aquarium offen	kräftige Beleuchtung möglich, Pflanzen können oben aus dem Wasser wachsen; Kühlung durch Verdunstung im Sommer	starker Energieverlust durch Verdunstung im Winter, Fische können aus dem Aquarium springen und Wirbellose herausklettern
Aquarium geschlossen	kein Energieverlust durch Verdunstung, Tiere bleiben im Aquarium	Abdeckscheibe muss regelmäßig gereinigt werden; unnötiger Energieverlust an Rück- und Seitenscheiben
Aquarium geschlossen und isoliert	kein Energieverlust durch Verdunstung oder an Seiten-/Rückscheiben	Abdeckscheibe muss regelmäßig gereinigt werden
Filter		
Luftheber	energieeffizient, hohe Leistung mit Filtermatte, Sauerstoffanreicherung des Wassers	Austrieb von CO_2, Geräuschentwicklung durch Blubbern und Luftpumpe
Motor-Innenfilter		geringes Filtervolumen, höhere Energiekosten im Vergleich zu Luftheber
Außenfilter	kein Platzverlust im Aquarium, höheres Filtervolumen als Motor-Innenfilter	hoher Energieverbrauch, Platzbedarf unter oder neben dem Aquarium

Preiswerte
Aquarieneinrichtung

Die Einrichtung eines Aquariums muss nicht teuer sein, da Sie viele Dinge selbst sammeln oder bauen und anspruchslose, gut wachsende Pflanzen verwenden können.

Aquarieneinrichtung

Außer für die Technik können Sie auch für die Aquariengestaltung und Dekoration viel Geld ausgeben. Gefärbter Kies, Spezialbodengründe, Felsen, Schiffe oder Totenköpfe aus Plastik sowie spezielle Höhlen für Welse und Wirbellose gibt es im Fachhandel. Insbesondere Kunststoffprodukte sind im Sinne des Nachhaltigkeits- und Umweltschutzgedankens ungünstig (CO_2-Emission, unnötige Mineralölverschwendung, Wasserverbrauch und -belastung).

Mit natürlichen Materialien kann ein Aquarium ebenfalls gut, günstig und umweltfreundlich gestaltet werden.

Bodengrund

Bodengrundklassiker sind Sand und feiner Kies in verschiedenen Körnungen, die bei hohem Bedarf auch günstig vom Kieswerk oder aus dem Baustoffhandel geholt werden können. Vorsicht sollten Sie bei Spielkastensand walten lassen, denn manch einer ist chemisch behandelt. Enthält der Sand Schluff- und Tonanteile, kann es zur Wassertrübung kommen, die bei entsprechend feiner Filterung und Geduld jedoch bald verschwindet. In diesem Lehm gedeihen viele Pflanzen besser als in sterilem Sand, dem nachträglich Bodendünger zugesetzt werden muss. Im Aquaristikhandel ist der Sand meist vorgewaschen, sodass es keine oder kaum noch eine Trübung gibt.

Wird eine Körnung von unter 1 mm verwendet, kann sich der Sand leicht verdichten und es kann bei einer dickeren Bodenschicht ohne Bodenheizung zu anaeroben Bereichen kommen, in denen giftige Faulgase, im Wesentlichen Methan, entstehen können.

> **TIPP**
>
> Die Aufgabe von Regenwürmern übernehmen im Aquarium Turmdeckelschnecken, wie zum Beispiel *Melanoides tuberculata*. Sie durchwühlen und lockern den Bodengrund. Darüber hinaus fressen sie abgestorbene Pflanzen und Futterreste. Sie sind im Fachhandel oder bei anderen Aquarianern zu bekommen.

Aktive Bodengründe auf Basis verschiedener lehmhaltiger Erden werden insbesondere für Garnelenaquarien angeboten. Ihre Inhaltsstoffe sorgen teils für eine Härtereduzierung und Stabilisierung des pH-Werts im leicht sauren

Bereich. Wie sich der Bodengrund auf die Wasserwerte auswirkt, ist stark vom Ausgangswasser abhängig. Das muss jeder bei Interesse für sich selbst probieren. Da diese Bodengründe sich quasi verbrauchen und sich aufgrund ihrer Konsistenz innerhalb eines Jahres bei entsprechend hoher Schichtung leicht verdichten, besteht die Gefahr von anaeroben Zonen im Bodengrund, die sich negativ auf das Wassermilieu auswirken können.

Aus Umweltaspekten sollten Sie auf Plastikkies oder gefärbte Bodengründe verzichten und einfachen Sand mit einer Körnung von 1–2 mm verwenden. Damit farbige Fische und Garnelen besser zur Geltung kommen, nehmen Sie eher dunkleren Sand. Aktive Bodengründe, die aus Asien um den halben Erdball transportiert worden sind, sollten nur verwendet werden, wenn es wirklich sein muss.

Steine

Steine sind interessante und vielbenutzte Einrichtungsgegenstände. Ob helle Flusskiesel, raues Lavagestein oder Steine mit vielen Ecken und Kanten – es gibt für jeden Geschmack etwas. Steine mit Öffnungen und Löchern dienen Tieren als Versteck oder helfen, Pflanzen daran zu befestigen. Zunehmend sind im Fachhandel Steine zu kaufen, die wie Gebirgs- oder Felslandschaften wirken – dem Trend der Unterwasser-Landschaftsgestaltung, Aqua-Scaping, sei Dank.

Je mehr Steine verwendet werden, desto weniger Wasser steht im Aquarium zur Verfügung, sodass der Schwimmraum der Fische entsprechend verkleinert wird. Lassen Sie sich beim Kauf nicht von der Größe täuschen. Erst

▼ **Mit Steinen** und Wurzeln lässt sich ein Aquarium leicht dekorativ einrichten.

im Aquarium sehen Sie, wie groß der Stein wirklich ist. Da hilft es, wenn Sie bereits im Laden bei der Auswahl probedekorieren oder sich als Orientierung eine Pappe mit den Maßen der Grundfläche des Aquariums mitnehmen.

Lassen Sie sich von den Farben trockener Steine nicht verwirren. Im Aquarium sehen sie feucht meist anders aus und werden bald von einer natürlichen Algenschicht überzogen.

Das bekannte weiße Lochgestein, das häufig in Aquarien für ostafrikanische Barsche genutzt wird, sollte nur dann verwendet werden, wenn eine Erhöhung der Härte und des pH-Werts gewünscht ist, da es Kalk abgibt. Übrigens können Sie einfach testen, ob Steine Kalk enthalten: Wenn Sie Essig auf den Stein träufeln und es dann durch CO_2-Bildung anfängt zu blubbern, dann zeigt das Kalk an.

Schiefer wird gern und häufig im Aquarium verwendet. Da es verschiedene Schiefertypen gibt, die teilweise nicht geeignet sind, sollten Sie am einfachsten auf den Schiefer aus dem Handel zurückgreifen.

Höhlen für Welse

Mit Aquarien-Silikonkautschuk ist es einfach, für Welse Höhlen aus Schieferplatten oder flachen Steinen zu bauen, die keine Schadstoffe ans Wasser abgeben. Mit Ton können Sie sich darüber hinaus selbst passende Höhlen oder Dekorationen basteln. Die Bauteile sollten im Ofen gut gebrannt werden, damit sie im Aquari-

▲ **Aus Ton** *lassen sich Höhlen für Welse anfertigen, aber auch Lochziegel wie der im Hintergrund können im Aquarium eingesetzt werden.*

um lange halten. Auch Lochziegel aus dem Baumarkt sind sehr gut für kleinere Harnischwelse als „Wohnblock" geeignet und nicht teuer.

Steine aus der Umgebung bei einem Spaziergang oder einer Radtour selbst zu sammeln, ist sicher die günstigste und umweltverträglichste Variante. Lochgesteine oder Deko-Steine quer durch Europa oder aus Asien zu transportieren, ist nicht ganz so gut. All das ist aber umweltverträglicher als das Aquarium mit Dekosteinen oder bemalten Figuren aus Plastik zu dekorieren.

Wurzeln und Äste

Wurzeln und abgestorbene Äste gehören in natürlichen Gewässern neben Steinen zu den wichtigsten und häufigsten Strukturelementen, an denen sich Wirbellose gern aufhalten und zwischen denen sich Fische verstecken. Für das Aquarium sind nur Hölzer zu verwenden, die sich im Wasser lange halten und nicht faulen. Außerdem muss das Holz nach dem Wässern schwer genug sein, um nicht an der Wasseroberfläche zu schwimmen.

Am häufigsten wird in der Aquaristik dazu Moorkienholz verwendet. Moorkienholz besteht aus den Überresten toter Baumwurzeln und von Ästen, die viele Jahre lang im Wasser oder im Moor gelegen haben. Des Weiteren werden Tropenhölzer und Mangrovenwurzeln verwendet, die fest sind, daher schnell absinken und im Aquarium nicht gammeln.

Das Holz muss vor der Verwendung je nach Trocknungsgrad zwei bis vier Wochen gewässert werden, um abzusinken und nicht mehr allzu viele Huminstoffe abzugeben, die das Wasser braun einfärben und den pH-Wert senken. Im Fachhandel können Sie schon entsprechend vorgewässertes Holz kaufen. Verschiedene Pflanzen können darauf wachsen und für

TIPP

Sehr natürlich sehen Kokosnüsse aus, die Sie nach dem Essen des Kokosmarks nicht wegwerfen müssen, sondern für die Aquaristik verwenden können. Bitte passen Sie beim Bohren und Sägen auf! Die Nussschale ist extrem hart und aufgrund der Form schwer zur Bearbeitung zu fixieren. Dass auf Bio-Kokosnüsse aus nachhaltigem Anbau ohne Pestizide zu achten ist, muss hier sicher nicht erwähnt werden.

▲ **Wo Torf** *abgebaut wird, gelten die dabei ausgegrubenen Wurzeln oft als Abfall. Fragen Sie trotzdem, bevor Sie welche mitnehmen.*

kletternde Tiere wird mehr Bewegungsfläche geschaffen.

Von Tropenhölzern und Mangrovenwurzeln sollten wir Abstand nehmen und eher auf Moorkienholz zurückgreifen, falls es nicht möglich ist, Altholz aus sauberen Bächen zu bekommen. Moore werden nicht für die aquaristische Wurzelgewinnung trockengelegt und vernichtet, sondern zum Beispiel für unsere Gärten. Wer die Möglichkeit hat, kann daher selbst passende Wurzeln suchen, wo Torf abgebaut wird, denn die Wurzeln werden normalerweise nicht gebraucht und am Rande des Torfabbaus gestapelt.

Bitte sammeln Sie nicht bei laufendem Abbaubetrieb oder in Naturschutzgebieten! Suchen Sie die Wurzeln nicht zu groß aus. Draußen in der Natur erscheinen sie häufig viel kleiner zu sein als zu Hause. Natürlich müssen Sie fragen, ob Sie Wurzeln mitnehmen dürfen.

Laub auf dem Boden

Abgestorbenes Laub von Bäumen ist in den natürlichen Gewässern der häufigste Aufenthaltsort von Zwerggarnelen und manchen Fischen. Dort finden sie Schutz und Nahrung in der dichten Detritusschicht. Einige Fische bauen unter Blättern sogar ihre Nester, wo sie sicher vor Fressfeinden sind. Herbstlaub von Eiche und Buche eignet sich am besten, da es sich lange im Aquarium hält. Aber auch Blätter diverser Obst- und Laubbäume sind erfolgreich in der Aquaristik verwendet worden. Sie können Laub im Herbst und Winter im Wald sammeln. Bäume aus Städten oder an viel befahrenen Straßen sollten nicht als Blattlieferanten dienen, da das Laub durch die Abgase belastet ist.

▲ *In tropischen Wäldern findet man oft Laub auf dem Grund der Gewässer, das einen Lebensraum für kleine Fische und Wirbellose bildet.*

Die Blätter werden trocken gelagert. Damit sie im Aquarium absinken, gebe ich die trockenen Blätter in einen Eimer und fülle ihn mit Wasser auf, bis alle Blätter bedeckt sind. Dann verschließe ich ihn mit einem Deckel, da mit der Zeit ein intensiver Geruch entsteht. Aus diesem Eimer gebe ich die Blätter dann nach einer Woche direkt ins Aquarium. Mikroorganismen, die sich inzwischen darauf angesiedelt haben, werden von Fischen und Garnelen abgeweidet. Der Eimer bleibt so lange gefüllt stehen, bis alle Blätter verbraucht sind.

Anspruchslose Pflanzen

Pflanzen haben im Aquarium eine große Bedeutung. Sie nehmen überschüssige Nährstoffe aus dem Aquarium auf und produzieren Sauerstoff. Fischen bieten sie Versteckmöglichkeiten und Ablaichplätze.

Der Trend geht derzeit zu neuen anspruchsvolleren Pflanzen, die geheizte Aquarien, viel Licht und damit viel Flüssig- und auch Bodendünger benötigen. Darüber hinaus verbrauchen sie mehr Kohlendioxid (CO_2) zum Wachstum als normalerweise in einem Aquarium vorhanden ist. Die Heizung und das Licht benötigen somit viel Energie und die Düngung verursacht

zusätzliche Kosten. Die meisten Pflanzen werden in der Gärtnerei außerhalb des Wassers vermehrt und zum Schutz vor pflanzenfressenden Insekten und Krankheiten mit Pestiziden besprüht.

Für unser umweltfreundliches Aquarium möchten wir Pflanzen nutzen, die ohne Pestizideinsatz und ohne großen Energieaufwand vermehrt werden können. Sie sollen sich mit wenig Licht begnügen, anspruchslos bezüglich der Wasserwerte und Düngung sein sowie bereits bei Zimmertemperatur gut zu pflegen sein. Wenn sie bei den Bedingungen gut wachsen, können wir damit weitere Aquarien einrichten oder sie an andere Aquarianer abgeben.

Hier möchte ich genau solche Pflanzen vorstellen, die ohne Heizung bei Zimmertemperatur, relativ wenig Licht und ohne zusätzliche Düngung auskommen. Deren Pflege ist somit kostengünstig und umweltfreundlich.

▼ *Die Kohlendioxid-Blasen* lösen sich im Wasser auf, während sie im Zickzack nach oben steigen.

Wozu dient eine CO_2-Düngung?

Pflanzen benötigen zum Wachstum Kohlendioxid (CO_2). Dieses wird von Pflanzen aufgenommen und durch die Fotosynthese zusammen mit Wasser bei Licht zu Kohlenhydraten umgewandelt und zum eigenen Wachstum benötigt. Bei der Fotosynthese gibt die Pflanze Sauerstoff ab.

Im Aquarium ist meist nur wenig Kohlendioxid vorhanden, weil es nicht wie in der Natur durch verrottendes organisches Material gebildet wird oder aus kohlensäurehaltigen Quellen kommt. Da Kohlendioxid der wichtigste Pflanzennährstoff ist, wird er bei einigen anspruchsvolleren Wasserpflanzen, die viel Licht und damit viel Kohlendioxid benötigen, über entsprechende Düngesysteme dem Aquarienwasser zugeführt.

CO_2 hat einen direkten Einfluss auf den pH-Wert des Wassers. Ist das Aquarienwasser sehr weich, muss der pH-Wert bei der CO_2-Düngung regelmäßig kontrolliert werden, denn löst sich CO_2 im Wasser, entsteht Kohlensäure und damit kann es passieren, dass der pH-Wert in für einige Fische gefährliche Bereiche von pH 5 und darunter sinkt. In härterem Wasser geht CO_2 eine Verbindung mit Kalk ein und wird somit gepuffert.

CO_2 ist gut wasserlöslich, hat aber die Tendenz in die atmosphärische Luft zu entweichen, weil dort die CO_2-Konzentration geringer ist.

Durch die starke Wasserbewegung bei Verwendung von Luftheberfiltern oder Sprudelsteinen wird Kohlendioxid aus dem Aquarium ausgetrieben. Das ist kontraproduktiv zu einer CO_2-Düngung. Allerdings sind gute und große Mattenfilter mit reichlich Filterschlamm ebenfalls CO_2-Produzenten und sorgen für konstante Wasserwerte.

Selbstbau einer CO_2-Düngung

Als Grundbauteile für eine selbstgebaute CO_2-Anlage nehmen Sie zwei PET-Flaschen, beispielsweise mit 1 l Inhalt, mit möglichst großem Schraubverschluss. In eine Flasche bohren Sie ein, in die zweite zwei Löcher, sodass ein Luftschlauch bündig und fest sitzend hineingeschoben werden kann. Bei der Flasche mit einem Loch wird der Schlauch nur knapp in den Deckel gesteckt. Dies ist die CO_2- Reaktorflasche. In Flasche zwei, die Waschflasche, wird der Schlauch aus Flasche eins bis fast zum Boden geführt. Schlauch zwei steckt nur knapp in der Flasche und endet im Aquarium in einem

▲ **Hier dienen** die Cryptocorynen als Ruheplatz für einen kleinen Harnischwels.

Bio-CO$_2$-Anlage komplett

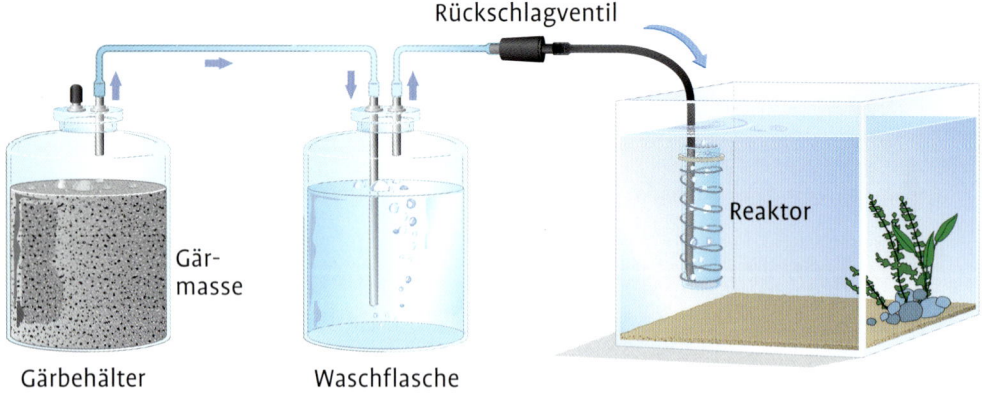

Rückschlagventil

Gär-masse

Gärbehälter

Waschflasche

Reaktor

CO$_2$-REAKTOR IM EIGENBAU

Flaschenfüllung: In die Reaktorflasche kommen 200 g Zucker, 1/8 Würfel Hefe, ein Flaschendeckel voll Blumendünger als Stickstoff- und Phosphatquelle sowie lauwarmes Wasser. Bitte nicht ganz füllen! Die Flasche wird geschüttelt, bis der gesamte Zucker gelöst ist. Die Waschflasche wird mit normalem Wasser gefüllt.

CO$_2$-Produktion: Die Hefepilze wachsen und verarbeiten den Zucker. Dadurch entstehen Alkohol, CO$_2$ und Wärme. CO$_2$ gelangt in die Waschflasche und dann durch die baldige Sättigung des Waschwassers auch ins Aquarium. Schäumt die Reaktorflasche über, gelangt das Hefegemisch somit nur in die Waschflasche und nicht ins Aquarium.

Der CO$_2$-Reaktor lässt sich nur durch die Temperatur und die Position der CO$_2$-Zufuhr dosieren. Wichtig ist: Zu viel CO$_2$ ist schädlich für die Tiere! Der passende CO$_2$-Wert liegt zwischen 5 und 15 mg/l. Mit einer steuerbaren CO$_2$-Anlage kann er um 25 mg/l liegen. Beobachten Sie Ihre Fische. Wenn sie verstärkt atmen, führen Sie zuviel CO$_2$ zu. Sinkt der pH-Wert (morgens messen!) unter den für Ihre Tiere und Pflanzen kritischen Wert, muss die CO$_2$-Zufuhr reduziert werden. Abstellen kann man sie nachts, indem man das CO$_2$ einfach in den Raum ableitet. Bitte verschließen Sie die Reaktorflasche nicht einfach, denn der Druck in ihr kann doch recht hoch werden.

CO$_2$-Flipper (Kletterbehälter für CO$_2$-Blasen) oder einem Sprudelstein aus Lindenholz für sehr kleine Blasen.

Da die CO$_2$-Produktion bei 25 °C sehr viel besser funktioniert als bei 20 °C, können Sie die Reaktorflasche zum Beispiel mit einem Handtuch, Styropor aus dem Baumarkt oder einem passenden Styroporflaschenhalter isolieren. Die oben empfohlene Mischung kann zwei bis drei Wochen lang CO$_2$ produzieren. Wird die Alkoholkonzentration in der Gärflasche zu hoch, stellen die Hefebakterien allerdings ihre Arbeit ein und es muss ein neuer Ansatz gemacht werden.

CRYPTOCORYNENFÄULE

Viele Wasserkelche haben über das Jahr hinweg in der Natur unterschiedliche Lebensbedingungen. Mal stehen sie unter Wasser im Trüben, mal sind sie über Wasser der prallen Sonne ausgesetzt. Diesen wechselnden Bedingungen passen sie sich an, indem ihre nicht zu gebrauchenden Blätter absterben und sich auflösen. Aus dem kräftigen Rhizom bilden sich dann neue. Daher geben Sie Ihren Cryptocorynen Zeit, sich an neue Wasserwerte oder Lichtbedingungen anzupassen und lassen den Wurzelbereich in Ruhe, wenn sich die Blätter auflösen.

Für Vorder- und Hintergrund

Wasserkelche der Gattung *Cryptocoryne* sind Pflanzen, die in der Natur unter Wasser oder an Flussufern zu finden sind. Wechselnden Umweltbedingungen passen sie sich an, indem sie abhängig von Licht und Nährstoffen unterschiedliche Blattformen, -größen und -farben ausbilden. Auch sind die Blätter an Land und unter Wasser unterschiedlich geformt. Daher kann man sich leider nicht darauf verlassen, dass Cryptocorynen, die man im Handel sieht, auch später im Aquarium genauso wirken und genauso hoch werden. Wasserkelche bilden durch Ableger dichte Polster. Damit sie gut wachsen, muss der Bodengrund mindestens 4 cm hoch sein.

Besonders geeignet für die Aquarienhaltung ist *Cryptocoryne wendtii*, die abhängig von den Umweltbedingungen in den verschiedensten Farb- und Wuchsformen gedeihen kann und dabei sowohl an die Wasserwerte als auch an die Temperatur geringe Ansprüche stellt. Sie kann über 10 cm groß werden. Die Pflanzen werden einzeln gepflanzt, da sie sich schnell durch die Bildung von Ausläufern ausbreiten.

Die Grasartige Schwertpflanze *Helanthium tenellum*, ehemals *Echinodorus tenellus*, wird bis zu 5 cm hoch und kann am Boden einen dichten Rasen bilden. Sie ist anspruchslos und verträgt weiches bis mittelhartes Wasser. Um kräftig zu wachsen, sollten die Pflanzen nicht durch Schwimmpflanzen beschattet werden.

Der Zwergkleefarn *Marsilea* sp. ist ebenfalls für die Begrünung des Vordergrunds geeignet.

▼ **Die Grasartige Schwertpflanze** ist besonders für die Bepflanzung des Vordergrunds geeignet.

▼ **Als Moosbälle** werden die von der Grünalge *Aegagropila linnaei* gebildeten Kugeln bezeichnet.

Er bildet flache Ausläufer mit kleinen, auf einem Stiel sitzenden rundlichen Blättern und wird dabei maximal 5 cm hoch. An die Wasserwerte stellt er kaum Ansprüche, sodass er in weichem und etwas härterem Wasser bei geringer bis mittlerer Beleuchtung gut zu pflegen ist. Das Wachstum ist allerdings langsamer als bei der Grasartigen Schwertpflanze.

Bälle aus Algen

Die Grünalge *Aegagropila linnaei* (zeitweilig als *Cladophora aegagropila* bezeichnet) ist im Handel als Moosball zu kaufen, obwohl es sich um eine Alge und nicht um ein Moos handelt. Sie kommt in der Natur nur an wenigen Stellen in Kugelform vor. Die Algen verflechten sich und rollen am Boden der Gewässer durch die Strömung, wodurch sie ihre gleichmäßige Form erlangen.

In der Natur können diese Kugeln einen Durchmesser von bis zu 20 cm erreichen, wobei

sie meistens viel kleiner bleiben und in der Regel mit einer Größe von 5–7 cm im Handel erhältlich sind. *Aegagropila linnaei* verflacht durch die fehlende Bewegung im Aquarium, wächst nicht regelmäßig oder zerfällt in einzelne Stücke, wenn nicht alle Seiten gelegentlich dem Licht ausgesetzt werden. Die Teile kann man zum Beispiel auf Steine oder Holz binden. Auf einem flachen Stein befestigt wirken sie wie ein Stück Rasen am Aquarienboden.

Algenbälle bevorzugen leicht alkalisches Wasser, wobei die Temperatur nicht konstant über 24 °C liegen sollte. Bezüglich des Lichts sind sie wenig anspruchsvoll und geben sich schon mit einem schattigen Plätzchen zufrieden. Da *Aegagropila linnaei* recht empfindlich auf Verschmutzung reagiert, sollten die Kugeln regelmäßig im Wasser ausgedrückt und ausgespült werden. In der Gesellschaft von Zwerggarnelen übernehmen es die Tiere, die Kugel rein zu halten und ständig auf ihr nach Futter zu suchen.

Auch wenn diese Alge langsam wächst, so kann man sie im Aquarium und in der Aquakultur vermehren, indem man die Kugeln teilt. Bei regelmäßiger Bewegung wachsen sie dann kugelförmig. Dadurch müssen sie nicht mehr der Natur entnommen werden.

Hintergrundbepflanzung

Viele gängige Hintergrundpflanzen wachsen bei guten Bedingungen sehr schnell und müssen somit regelmäßig zurückgeschnitten werden. Stängelpflanzen kürzt man auf die Hälfte ein, sodass sie buschig weiterwachsen. Alternativ knipst man jeweils die Spitze ab und pflanzt sie nach dem Entfernen der alten Stängel ein. Stängelpflanzen benötigen häufig eine kräftige Beleuchtung und damit einhergehend eine gute Düngung, natürlich auch mit CO_2. Die folgenden Arten sind jedoch sehr gut in Aquarien

▲ **Hintergrundgestaltung mit** *an Rück- und Seitenwänden befestigten Farnen.*

Temperaturen über 23 °C nicht geeignet. Damit scheiden sie für Aquarien aus, die in der warmen Wohnung im Sommer über längere Zeit warm stehen. Aufgrund des schnellen Wuchses bei mittlerer bis stärkerer Beleuchtung sind sie sehr gut für Kaltwasseraquarien nutzbar. Eine Alternative ist die Nixkrautähnliche Wasserpest, die Temperaturen bis 26 °C gut verträgt, allerdings mehr Licht benötigt als die vorgenannten Arten.

Eine weitere wuchsfreudige Pflanze ist das Seegrasblättrige Trugkölbchen, *Heteranthera zosterifolia*, das mit seinen schmalen hellgrünen Blättern dichte Polster bilden kann und somit Jungfischen Schutz bietet. Allerdings benötigt es eingepflanzt zum prächtigen Gedeihen mehr Licht.

Braucht man für Zuchtaquarien dichte Pflanzenpolster, so bietet sich das Nixkraut, *Najas guadalupensis*, an. Es verlangt nicht viel Licht und hat keine besonderen Temperaturansprüche. Die Pflanze ist leicht zerbrechlich und muss nicht eingepflanzt werden.

In der Gattung *Vallisneria* mit ihren langen, schmalen Blättern ist die Gewöhnliche Wasserschraube, *Vallisneria spiralis*, am einfachsten zu pflegen. Sie bevorzugt einen feinen Bodengrund, in dem sie bald reichlich Ausläufer bildet. Die Haltung bei Zimmertemperatur von etwas über 20 °C ist sehr gut möglich.

Wünschen Sie sich eine weit ausladende Solitärpflanze, so empfiehlt sich die Amazonas-Schwertpflanze, *Echinodorus grisebachii*. Die Blätter werden im Aquarium bis zu 60 cm lang; daher ist sie nur für größere Becken geeignet. Liegt die Temperatur bei 22–26 °C, wird die Pflanze nicht abgeschattet und sind ausreichend Nährstoffe im Bodengrund vorhanden, so ist sie wuchsfreudig und bildet an den Blütenständen bald Jungpflanzen. Die kleinen Ableger können dann für andere Aquarien verwendet werden. Kühler verträgt es *Echinodorus uruguayensis*, eine Schwertpflanze, die genauso groß werden kann.

bei Zimmertemperatur und relativ wenig Licht haltbar.

Das Gemeine Hornkraut, *Ceratophyllum demersum*, ist auf der Welt weit verbreitet und damit an verschiedenste Bedingungen angepasst. Sowohl bei leicht saurem als auch alkalischem Wasser wächst es sehr gut. Eine Heizung ist nicht notwendig, denn die Pflanze kann auch unter 20 °C gepflegt werden. Die Wurzelbildung ist sehr gering und es wächst sehr schnell, weshalb Sie es am besten an der Oberfläche fluten lassen. Jungfische können sich im Pflanzendickicht bestens verstecken. Wenn der untere Bereich der Pflanze anfängt die schmalen Blätter zu verlieren, kürzt man die Pflanzen einfach kräftig ein.

Die Dichtblättrige Wasserpest, *Egeria densa*, ist zusammen mit der Kanadischen Wasserpest, *Elodea canadensis*, weltweit verbreitet, teilweise als eingeschleppte Plage. Beide Arten mögen härteres alkalisches Wasser, sind jedoch für die Haltung in Aquarien mit konstant höheren

▲ **Moose lassen** sich auch gut auf Wurzeln und anderem Holz befestigen.

Schwimmpflanzen

Legen Sie wenig Wert auf einen kräftigen Pflanzenwuchs am Boden und haben ausreichend Platz von der Oberfläche bis zur Lampe, so ist der Hornfarn *Ceratopteris cornuta* eine kräftig wüchsige Schwimmpflanze mit großem Wurzelgeflecht. Zwischen den Blättern halten sich Labyrinthfische gern auf und bauen ihre Schaumnester. Ist das Aquarium offen, wachsen die Blätter über die Oberfläche hinaus. Die Vermehrung erfolgt über Ableger an den Blättern. Das Wasser darf weich oder mittelhart sein und mit Zimmertemperatur gibt sich der Hornfarn ebenfalls zufrieden.

Die Wasserlinsen der Gattung *Lemna* sind bei vielen Aquarianern wenig beliebt, da sie sich bei genügend Nährstoffen an der Wasseroberfläche schnell vermehren und sie komplett bedecken können. Allerdings nehmen sie die im Wasser vorhandenen Nährstoffe auf, insbesondere Nitrat. Fischen Sie die Wasserlinsen regelmäßig ab, so können Sie auf einfachem Wege die Überdüngung reduzieren.

Einrichten mit Moosen

Insbesondere in der Garnelen-Aquaristik nimmt die Anzahl der verwendeten Moos-Arten stetig zu. Am bekanntesten ist – zumindest dem Namen nach – das Javamoos, *Vesicularia dubyana*. Unter seinem Namen wird jedoch meist das Bogormoos, *Taxiphyllum barbieri*, gepflegt.

Die anspruchslosen Schattengewächse kommen mit den verschiedensten Wasserwerten und Temperaturen zurecht. Geheizt werden muss für die Moose nicht. Bei allen Moosarten bieten die feinen Polster Garnelen und kleinen Krebsen ideale Bedingungen zum Klettern. Moose geben Jungfischen die Möglichkeit, sich vor Nachstellungen durch größere Fische zu verstecken. Im Moos leben viele Kleinstorganismen, die für die kleinen Fische in den ersten Lebenstagen eine wichtige Nahrungsquelle darstellen.

Sie können Moose im Aquarium auf den Boden legen oder auf Wurzeln und Steinen mit einem Faden festbinden. Am einfachsten verwenden Sie dazu eine dünne Angelschnur. Etwas Moos wird auf das Substrat gelegt und mit dem Faden festgebunden. Übertreiben Sie es dabei nicht mit der Moosmenge. Ist die Schicht zu dick, stirbt das Moos am Substrat ab und fängt an zu gammeln. Eine dünne Schicht reicht völlig aus, da Moose bei guten Bedingungen schnell wachsen. Mit einer kleinen Schere kann das Moos dann bei Bedarf zurückgeschnitten werden, wenn es zu stark wuchert. Wichtig ist, dass der Faden eng am Holz anliegt, denn in Zwischen-

▼ **Der Süßwassertang** *Lomariopsis lineata* ähnelt dem Moos *Monosolenium tenerum* sehr.

räumen können sich insbesondere Welse leicht
verfangen.

Zunehmend populär wird das Lebermoos
Monosolenium tenerum, das im Handel gelegentlich als „Pellia" auftaucht. Es hat flache,
verzweigte Vegetationsorgane und wächst
besonders gut bei hohen Nährstoffkonzentratio-
nen. Einmal eingewöhnt, kann es dichte Polster
bilden und einen schönen Kontrast zu anderen
Pflanzen bieten, da es in Form und Farbe anders
aussieht. Der Lichtanspruch ist gering.

Pflanzen auf Holz und Steinen

Aufsitzerpflanzen sind Pflanzen, die sowohl in
der Natur als auch im Aquarium nicht (unbedingt) im Bodengrund, sondern auf Gegenständen wachsen. Sie haben dazu Wurzeln, die die
Pflanzen fest mit dem Substrat wie Steinen oder
festem Holz verbinden.

Speerblätter

Speerblätter der Gattung *Anubias* gibt es in
verschiedenen Größen. Alle haben ein kräftiges
Rhizom und ledrige, feste Blätter. Es gibt *Anubias*-Arten mit sehr kleinen, nur bis zu 2,5 cm
langen Blättern (*Anubias barteri* var. *nana* 'Bon-
sai') und Arten mit über 15 cm langen und 7 cm
breiten Blättern für große Aquarien.

*Speerblätter sind Schattengewächse, die
sowohl in hartem alkalischem als auch
weichem saurem Wasser gut gedeihen.*

Anubias wachsen gut bei geringer Beleuchtung
und benötigen in der Regel keine Temperaturen
über 22 °C. Da Speerblätter kräftige Haftwur
zeln entwickeln und ungern in dichtem Boden

wachsen, eignen sie sich hervorragend für die Bepflanzung von Dekorationsgegenständen wie Steinen, Wurzeln und Rückwänden. Sie können die Pflanzen auf dem Substrat mit Angelschnur oder Kabelbindern befestigen, bis sie angewachsen sind. Beim Festbinden sollte das Rhizom eng und fest am Substrat anliegen, damit die Wurzeln Halt finden können und keine Fische in eine Falle schwimmen. Die Vermehrung erfolgt, indem Sie die Pflanze in Stücke schneiden und die Teile neu befestigen. An den Blattansätzen des Rhizoms wachsen dann neue Rhizom-Enden mit Blättern.

Farne

Der Javafarn, *Microsorum pteropus*, ist eine der besten Pflanzen für umweltfreundliche Aquarien, da er sehr anspruchslos ist, sehr wenig Licht und nur Zimmertemperatur benötigt. Die Vermehrung erfolgt in Aquakultur und Aquarium und Pflanzen müssen nicht aus der Natur entnommen werden. Neben der klassischen Form mit bis zu 30 cm langen und 5 cm brei-

ten Blättern gibt es verschiedene interessante Wuchsformen. Die Sorte 'Windeløv' ist davon nach meiner Meinung die schönste, da sie nicht so groß wird und die Blattspitzen sich wie ein Elchgeweih auffächern. Der Javafarn wird, wie bei den Speerblättern beschrieben, aufgebunden und nicht eingepflanzt verwendet.

Neben dem Javafarn ist der Kongo-Wasserfarn, *Bolbitis heudelotii*, mit seinen teils über 20 cm langen Fiederblättern sehr gut für die Haltung mit wenig Licht und bei Zimmertemperatur geeignet. Er bevorzugt weiches, saures Wasser und kommt bei etwas Wasserbewegung richtig zur Geltung. Er wird ebenso auf Holz oder Steinen aufgebunden. Ohne CO_2-Düngung sollte nicht zu stark beleuchtet werden, was bei mir sehr gut funktioniert.

Beide Farne können Sie vermehren, indem Sie vom Rhizom ein Stück abbrechen und an anderer Stelle wieder befestigen.

▼ **Javafarn wird** *auf Wurzeln aufgebunden und nicht im Bodengrund eingepflanzt.*

Futter
aus eigener Produktion

Das Futter für seine Tiere selbst zu fangen oder zu produzieren spart nicht nur Energie, sondern ermöglicht erst die Pflege und Vermehrung mancher Arten.

Der Handel bietet sehr gutes Fertigfutter an, das einschließlich der Verpackung mit entsprechendem Energieaufwand hergestellt wird. Darüber hinaus gibt es Spezialfutter wie Brennnessel-Sticks für Garnelen, Seemandelbaum-Blätter (neudeutsch Catappa leaves) für Krebse und gefriergetrocknete Mückenlarven für Fische.

Aus Sicht der Umwelt fragt man sich: Muss es immer eine Verpackung sein? Müssen wir Laub um den halben Erdball fliegen? Müssen wir Energie aufwenden, um Trockenfutter herzustellen? Wie wäre es mit Lebend- oder Pflanzenfutter aus dem eigenen Garten oder der Natur um die Ecke?

NATURSCHUTZGESETZ

Beim Fang von Futtertieren in der Natur ist das Bundesnaturschutzgesetz zu beachten.
In der Fassung vom 29.07.2009 (BGBl. I S. 2542 / FNA 791- 9) steht:
Kapitel 5. Schutz der wild lebenden Tier- und Pflanzenarten, ihrer Lebensstätten und Biotope
Abschnitt 2. Allgemeiner Artenschutz
§ 39 Allgemeiner Schutz wild lebender Tiere und Pflanzen; Ermächtigung zum Erlass von Rechtsverordnungen.
(1) Es ist verboten,
1. wild lebende Tiere mutwillig zu beunruhigen oder ohne vernünftigen Grund zu fangen, zu verletzen oder zu töten.

Lebendfutter

Viele der von uns im Aquarium gehaltenen Fische ernähren sich in der Natur von Wassertierchen oder auf die Wasseroberfläche gefallenen Insekten. Bieten wir unseren Fischen Lebendfutter an, so unterstützt dies das natürliche Verhalten. Die Fische werden agiler und einige Arten kommen erst so in Laichstimmung.

Tümpelfutter

Als Tümpelfutter wird Futter bezeichnet, das man in der freien Natur in Wasseransammlungen fangen kann. Da Fischnährtiere in den meisten Bundesländern Deutschlands unter den Schutz des Fischereigesetzes fallen, darf man nicht einfach an den nächsten Tümpel gehen. Häufig ist die Voraussetzung ein Angelschein und die Erlaubnis des Fischereiberechtigten.

TIPP

Ausrangierte Aquarien eignen sich wie auch Eimer, Regentonnen und andere Gefäße, um schwarze Mückenlarven zu züchten. Man sollte die Behälter zum Teil abdecken, da die Mücken geschützte Plätze bevorzugen.

Natürlich dürfen keine geschützten Wassertiere wie Libellenlarven gefangen werden. Daher sollte man den Fangort gut wählen und die geschützten Beifänge bereits vor Ort zurücksetzen. Um sich ein genaues Bild vom Fang zu machen, können Sie sich ein kleines Mini-Plastikaquarium mitnehmen. Für den Fang sind bereits ein feinmaschiges Netz mit stabilem, langem Stiel und ein gut verschließbares Gefäß ausreichend.

Schwarze Mückenlarven

Schwarze Mückenlarven sind Larven der verschiedenen Stechmückenarten. Sie sind besonders nahrhaft und regen viele Fischarten zum Ablaichen an. Bereits im zeitigen Frühjahr sind in Wasseransammlungen die ersten Mückenlarven zu finden. Die Eier werden in ovalen Trauben von bis zu 300 Eiern abgelegt, sogenannten Schiffchen. Diese können Sie einsammeln und ebenfalls verfüttern, denn die winzigen, frisch geschlüpften Larven werden sehr gern von kleinen, oberflächenorientierten Fischen gefressen. Da die Mückenlarven Luft atmen, treiben sie mit dem Hinterleib nach oben an der Wasseroberfläche. Beim Keschern sollten Sie sich

ruhig verhalten, denn die Larven fliehen nach unten, kommen allerdings bald wieder an die Oberfläche.

Schwarze Mückenlarven züchten

Die Mückenlarven ernähren sich von zerfallendem organischem Material. Ein mit Wasser gefüllter Behälter wie eine Wassertonne, ein Maurerkübel oder ein Aquarium wird im Garten aufgestellt und ein schöner Bund getrocknete oder frische Brennnesseln wird ins Wasser gegeben. Die Pflanzen verrotten und locken die Mückenweibchen zur Eiablage an. Da die Mücken gern ihre Eier geschützt ablegen, bedeckt man das Gefäß zu drei Vierteln mit einem Brett oder Deckel. Bei reichlich Pflanzenmaterial und warmem Wetter läuft der Mückenzuchtansatz häufig sehr gut. Allerdings ist die Geruchsbelästigung durch die Brennnesseljauche eventuell etwas unangenehm, weshalb Sie den Behälter nicht unbedingt unter einem Fenster oder in der Nähe des Nachbarn aufstellen sollten.

Mit einem feinen Kescher werden die bis zu 15 mm großen Mückenlarven von Frühjahr bis zum Herbst gefangen.

Weiße Mückenlarven

Weiße Mückenlarven der Büschelmücke kommen in sauberen, unbelasteten Gewässern vor. Sie schwimmen frei im Wasser und können fast das ganze Jahr über gefangen werden. Da die Mückenlarven sich tagsüber in Bodennähe aufhalten, fangen Sie sie am besten frühmorgens bei Sonnenaufgang.

Die Mücken selbst stechen nicht. Jedoch leben die Mückenlarven räuberisch und können im Aquarium kleinen Jungfischen gefährlich werden. Manche Fische müssen sich erst an dieses Futter gewöhnen, da die Mücken vor den Fischen fliehen und mit bis zu 15 mm relativ groß sind. Die Mückenlarven lassen sich manchmal in großen Mengen fangen und können bis zu einer Woche lang aufbewahrt werden. Dazu geben Sie sie in eine flache Schale mit kaltem Wasser oder auf feuchtes Zeitungspapier und klappen dies zu. Das Paket muss immer feucht und kühl gehalten werden.

Wasserflöhe

Wasserflöhe gibt es in verschiedenen Arten und Größen von bis zu 3 mm. Sie kommen in stehenden Gewässern vor und können dort insbesondere in den Sommermonaten manchmal in sehr großen Mengen gefangen werden. Sie sind Filtrierer, die sich von pflanzlichem Plankton ernähren. Das heißt, grünliches, nährstoffreiches Wasser ist ideal für ihre Entwicklung. Sie selbst stellen ein ballaststoffreiches, aber nährstoffarmes Futter dar. Wenn man sie kurz nach dem Fang mit noch vollem Darmtrakt verfüttert, sind sie besonders wertvoll, da die Fische davon zehren können. Eine Zucht in der Regentonne oder im Gartenteich ist gut möglich, wenn das Wasser grüne Schwebealgen enthält. In der Regentonne können Sie auch etwas gelöste Hefe oder Kaffeesahne verfüttern.

Cyclops

Ruderfußkrebse, auch Hüpferlinge genannt, verfüttern Aquarianer sehr gern an ihre Fische.

> **TIPP**
>
> Wenn Sie im Sommer Wasser aus dem Fangsee zum Transport der Futtertiere entnehmen, enthält es wenig Sauerstoff. Bringen Sie sich daher kaltes Wasser von Zuhause mit, damit die Wasserflöhe länger im Eimer überleben.

Die meist weniger als 2 mm großen Tierchen sind leicht an ihren ruckartigen, hüpfenden Bewegungen zu erkennen, die ihnen den Namen gegeben haben. Die Weibchen tragen am Körperende zwei Eitrauben. Sie können sogar im Winter in Teichen unter dem Eis gefangen werden. Hüpferlinge sind sehr nährstoffreich und müssen, da sie ständig in Bewegung sind, gezielt von den Fischen erbeutet werden. Sie halten sich auch bei höheren Temperaturen sehr lange im Aquarium. Als Frostfutter werden die Hüpferlinge meist nach ihrem wissenschaftlichen Gattungsnamen als *Cyclops* bezeichnet.

▼ *Weiße Mückenlarven* sind für erwachsene Fische ein hervorragendes Futter, können ihrerseits aber der Jungbrut gefährlich werden.

Mikrowürmchen

Mikrowürmchen, die manchmal auch Mikroälchen genannt werden, werden je nach Art 1–3 mm groß und sind sehr schlank. Sie sind ein gehaltvolles Jungfischfutter, das von vielen Fischen schon direkt nach dem Schlupf bewältigt werden kann. Sie sinken schnell zu Boden, weshalb sie vornehmlich an Fische wie Panzerwelse verfüttert werden, die ihre Nahrung in Bodennähe suchen. Sie überleben bis zu einen halben Tag lang im Aquarium. Daher darf man immer nur so viele Mikrowürmchen verfüttern, wie auch gefressen werden.

Zur Zucht gebe ich Schmelzflocken aus Hafer mit etwas Wasser etwa 5 mm hoch in ein Marmeladenglas oder ein gleich großes Gefäß mit Deckel, sodass ein zähflüssiger Brei entsteht. Darauf gebe ich maximal einen Viertelwürfel frischer Hefe, wobei ebenso Trockenhefe möglich ist. Hinzu kommen Mikrowürmchen eines alten Ansatzes, die ich entweder mit dem Löffel entnehme oder mit etwas Wasser ausspüle. Diesen Ansatz verschließe ich bei 20–25 °C, aber nicht luftdicht.

In einem frischen Ansatz vermehren sich die Mikrowürmchen sehr schnell und können

▲ *Zuchtgefäß für Mikrowürmchen.* Mit dem Wattestäbchen lassen sich die Würmchen von der Gefäßwand abnehmen.

meist schon am nächsten Tag verfüttert werden. Die kleinen Würmchen steigen an der Gefäßwand hoch. Nur sie werden mit einem feinen Pinsel oder Wattestäbchen abgewischt. Dabei sollten Sie darauf achten, dass kein Brei mit aufgenommen wird. Die Würmchen vom Rand können, ohne ausgewaschen zu werden, direkt verfüttert werden. Das bisschen Zuchtsubstrat, das noch an den Würmchen haftet, hat bei mir bisher keine Probleme verursacht, da ich regelmäßig das Wasser wechsele. Möchte man die Geschwindigkeit des Aufstiegs der Würmchen beschleunigen, kann man das Gefäß auf eine warme Unterlage wie zum Beispiel die Aquarienabdeckung stellen.

Wird der Brei zu flüssig, gibt man wieder einige trockene Flocken dazu. Nach spätestens vier Wochen läuft der Ansatz nicht mehr und wird wie beschrieben neu angesetzt.

WO GIBT ES ZUCHTANSÄTZE FÜR LEBENDFUTTER?

Der Fachhandel hält Zuchtansätze für Mikrowürmchen, Essigälchen, Fruchtfliegen und anderes Lebendfutter bereit. Alternativ fragt man andere Aquarianer oder erkundigt sich in einem Aquarienverein.

Essigälchen

Die eng mit den Mikrowürmchen verwandten Essigälchen leben in Essig und ernähren sich dort von Bakterien. Sie sind etwas kleiner als Mikrowürmchen und können daher auch von vielen jungen Fischen gefressen werden.

Ich verwende für die Zucht Halbliter-Plastikflaschen. Darin mische ich 5%igen Bio-Apfelessig und Leitungswasser jeweils zur Hälfte. Hinein kommt ein weniger als erbsengroßes Stück Hefe und ein gestrichener Teelöffel Zucker mit einem Ansatz Essigälchen einer alten Kultur. Der Deckel der Flasche wird nur leicht

▲ **Essigälchen kann** man in einem kleinen, mit Essig gefüllten Glaskolben vermehren und mit der Pipette oberhalb des Wattestopfens entnehmen.

▲ **Infusorien wie** die Pantoffeltierchen dienen vor allem der Ernährung von Jungfischen. Sie können in Einmachgläsern vermehrt werden.

aufgelegt, da Luft an die Flüssigkeit gelangen muss.

Will ich füttern, fülle ich einen kleinen 50-ml-Glaskolben mit schlankem Hals bis etwa 3 cm unter dem Rand mit der Essigälchen-Flüssigkeit aus der Flasche. Dann gebe ich einen kleinen Stopfen aus Filterwatte in das Rohr, sodass die Flüssigkeit gerade über der Watte steht. Zusätzlich verwende ich ein Stück Kabelbinder, mit dem ich den Stopfen später leicht wieder herausziehen kann. Bis zum Rand wird dann mit normalem Wasser aufgefüllt. Da im unteren Teil des Gefäßes der Sauerstoff verbraucht wird, bewegen sich die Essigälchen durch die Watte hindurch ins klare Wasser nach oben. Dieses Wasser kann nach einigen Stunden mithilfe einer Pipette abgezogen und direkt ins Aquarium gegeben werden. Die Flüssigkeit aus dem Kolben gebe ich zurück in die Zuchtflasche.

Infusorien

Infusorien wie die Pantoffeltierchen sind erheblich kleiner als die bisher genannten Futtertierchen und werden für die Aufzucht von Jungfischen benötigt. Sie sind gerade noch mit dem Auge erkennbar und schweben als Wolke im Zuchtgefäß.

Die Zucht bedarf regelmäßiger Pflege und verträgt keine Nachlässigkeit. Am besten funktioniert die Vermehrung bei mir in einem 1-l-Einmachglas, das mit dem Deckel nur leicht und nicht luftdicht verschlossen wird. Die Fütterung muss immer dann erfolgen, wenn der Zuchtansatz klar ist. Es darf immer nur wenig gefüttert werden. Dafür eignen sich Tropfen von Kaffeesahne, fein geriebene Hafer-Schmelzflocken oder zur Reaktivierung ein Stückchen getrockneter Bio-Bananenschale. Zum Verfüttern der Pantoffeltierchen gebe ich die benötigte Menge (maximal die Hälfte eines klaren Pantoffeltierchenansatzes) ins Aquarium. Den Rest gieße ich mit abgekochtem Wasser wieder auf, da Aquarienwasser oder Wasser aus der Leitung eventuell andere Kleinorganismen enthält, die die Pantoffeltierchen verdrängen würden. Alternativ kann für das Verfüttern wie bei den Essigälchen mit dem Glaskolben verfahren werden.

Wollen Sie keinen reinen Pantoffeltierchenansatz, können Sie sich Infusorien selbst heranziehen. Sie nehmen eine Handvoll Heu und geben es in ein Einmachglas. Dann gießen Sie mit Teich- oder Aquarienwasser auf. Leitungswasser ist dafür nicht geeignet. Schon nach wenigen Tagen bildet sich an der Oberfläche ein Nebel aus Infusorien. Diese können mit einer Pipette abgesaugt oder, wie bei den Essigälchen, verfüttert werden. Der Ansatz ist regelmäßig neu zu machen, da er nach einiger Zeit anfängt unangenehm zu riechen.

Artemia

Das bekannteste Lebendfutter für kleine Fische sind frisch geschlüpfte Salinenkrebse oder *Artemia*-Nauplien. *Artemia* ähneln unseren einheimischen Feenkrebsen, die unter strengem Schutz stehen und der Natur nicht entnommen werden dürfen. *Artemia* kommen in einigen Binnensalzgewässern in sehr großen Mengen vor und können das Austrocknen der Gewässer mit ihren Dauereiern (Cysten) überstehen. Zur Ernährung filtern sie Bakterien und Algen aus dem Wasser.

▼ **Frisch geschlüpfte** *Salinenkrebs-Nauplien kann man mit speziell dafür angebotenen Sieben vom Salzwasser trennen.*

Artemia-Cysten erhalten Sie im Zoofachhandel in unterschiedlichen Verpackungseinheiten. Da die Qualität der angebotenen *Artemia* (erkennbar an der angegebenen Schlupfrate) sehr unterschiedlich ist, sollte hierauf ein besonderes Augenmerk gelegt werden. Meist ist die Qualität der in größeren Dosen angebotenen Cysten besser als die der kleineren Portionen. Umgerechnet sind sie auch weitaus günstiger. Friert man die Cysten im Tiefkühlschrank ein, bleiben ihre Qualität und somit ihre Schlupfrate über Monate oder sogar Jahre erhalten. Werden sie jedoch nicht vakuumverpackt, sondern offen gelagert, nehmen sie Feuchtigkeit auf und verlieren ihre Schlupffähigkeit. Daher sollten Sie geöffnete Packungen innerhalb weniger Wochen verbrauchen und die Deckel immer dicht verschließen.

Da *Artemia* Salzwasserbewohner sind, überleben sie im Aquarium nur wenige Stunden. Daher ist eine reichliche Fütterung, wie sie bei lebendem Futter aus dem Süßwasser möglich ist, zu vermeiden.

Artemia-Cysten ausbrüten

Das Absperrventil wird geschlossen, Wasser, ein gehäufter Teelöffel Meersalz, wie es für die Meeresaquaristik verwendet wird, und etwa ein Teelöffel *Artemia*-Cysten werden eingefüllt. Alternativ kann man ein normales Kochsalz ohne Zusätze verwenden. Eine kleine Filterluftpumpe wird mit einem Luftschlauch an das andere Ende des Absperrventils angeschlossen, eingeschaltet und das Ventil wird geöffnet. Durch die von unten einströmenden Luftblasen wird die Mischung ständig bewegt. Nach 24–48 Stunden, abhängig von der Art der Eier und der Wassertemperatur, sind die *Artemia* geschlüpft und können verfüttert werden.

Artemia-Nauplien verfüttern

Um die *Artemia* zu entnehmen, wird der Schlauch der Luftpumpe vom Absperrventil entfernt, nachdem das Ventil geschlossen worden ist. Wenn sich die *Artemia* in der Flasche

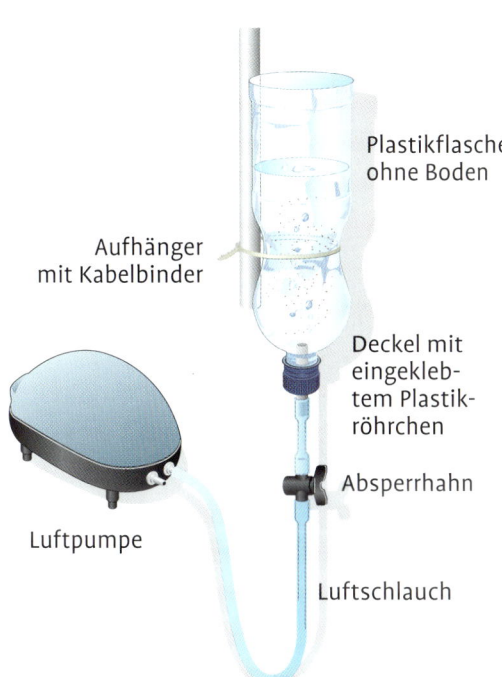

Plastikflasche
ohne Boden

Aufhänger
mit Kabelbinder

Deckel mit
eingekleb-
tem Plastik-
röhrchen

Absperrhahn

Luftpumpe

Luftschlauch

ARTEMIAFLASCHE SELBST GEBAUT

Benötigt wird: Plastikgetränkeflasche (am besten mit Einschnürung), kurzes Plastikröhrchen, Luftschlauch, Absperrhahn für Luftschlauch, Klebstoff oder Silikonkautschuk.

Der Boden der Plastikflasche wird mit einem scharfen Messer abgetrennt. Mit einem Bohrer wird in den Plastikdeckel der Flasche ein Loch gebohrt, sodass das Plastikröhrchen hineingeschoben werden kann und eng festsitzt. Sollte das Röhrchen nicht dicht und fest sitzen, kann es mit etwas Klebstoff oder Silikonkautschuk am Rand abgedichtet werden. Am Röhrchen wird der Luftschlauch befestigt und daran das Absperrventil. Diese Konstruktion wird kopfüber aufgehängt, wobei die Flascheneinschnürung helfen kann.

unten und die leeren Eierschalen oben abgesetzt haben, wird die Flüssigkeit durch das geöffnete Ventil in das *Artemia*-Sieb abgelassen. Das Ventil muss geschlossen werden, bevor auch die leeren Eierschalen austreten. Nicht geschlüpfte und leere Eierschalen dürfen nicht an Jungfische verfüttert werden, da sie bei vielen zu Verdauungsproblemen und somit zum Tode führen können. Das gelegentlich angeratene Spülen der Salinenkrebschen empfehle ich nicht, da das noch an beziehungsweise in den Krebschen befindliche Salz meinen Fischen zusätzliche Mineralien zuführt. Die Krebschen können direkt aus dem Sieb verfüttert werden.

Ameisenpuppen

Wenn man einen Garten mit sandigem Boden besitzt, findet man immer wieder einmal ein Ameisennest, insbesondere unter größeren Steinen oder Gehwegplatten. Ameisenpuppen lassen sich sehr gut an oberflächenorientierte, größere Fische verfüttern, da sie an der Was-

seroberfläche schwimmen und nahrhaft sind. Meine größeren Barben fressen sie sehr gern. Natürlich darf nicht jedes x-beliebige Ameisennest, insbesondere im Wald, geplündert werden, da einige Arten wie die Waldameise mit ihren schönen Bauten unter Naturschutz stehen. Auf jeden Fall ist es ökologisch sicher besser, ein paar Puppen an seine Fische zu verfüttern, als mit Chemie ganze Ameisenkolonien auszurotten.

Fruchtfliegen

Jeder von uns kennt die kleinen Fliegen, die sich gern auf altem Obst niederlassen. Wenn Sie nicht aufpassen, ist das Obst bald voller Maden und die kleinen Fliegen verteilen sich in der Wohnung. Da die Maden und Fliegen allerdings ein gutes Futter für Fische darstellen, werden sie gezielt gezüchtet. Dankenswerterweise gibt es von den beiden für die Tierernährung wichtigsten Arten *Drosophila melanogaster* und *Drosophila hydei* flugunfähige Zuchtformen, die

▲ **Bienengarnelen fressen** ausgesprochen gern Grünalgen, die auch aus dem Gartenteich stammen können.

▲ **Brennnesseln sind** für viele Wirbellose ein Leckerbissen. Ein Vorrat für den Winter kann in kleinen Dosen eingefroren werden.

sich nicht in der Wohnung verbreiten und beim Verfüttern nicht mehr von der Wasseroberfläche wegkommen. Futter- und Zuchtansätze erhält man im Terraristik-Fachhandel oder von Aquarianern beziehungsweise Terrarianern.

Als Zuchtbehälter wird ein Glas oder ein Becher mit mindestens 500 ml Volumen verwendet. Für das Zuchtsubstrat gibt es diverse Herstellanleitungen. Dabei ist wichtig zu wissen, dass sich die Larven in erster Linie nicht direkt vom Obst, sondern von den Mikroorganismen wie Hefen und Bakterien ernähren, die das Substrat zersetzen. Zum Beispiel mischt man als Zuchtsubstrat Haferflocken, etwas Zucker, etwas Trockenhefe und Apfelessig, bis ein zähflüssiger Brei entsteht.

Die Entwicklung vom Ei bis zur Fliege dauert bei *D. melanogaster* etwas unter zwei und bei *D. hydei* etwa drei Wochen. Der Nährbrei sollte ungefähr 3 cm hoch ins Zuchtgefäß gefüllt werden. Holzwolle oder Papierstreifen dienen den Fliegen als Klettermöglichkeit. Der Zuchtansatz

wird mit 20–50 Fliegen angeimpft und luftdurchlässig mit Küchenpapier und Gummi oder einem Stück Nylonstrumpf verschlossen. Nach zwei Wochen können dann die ersten Fliegen direkt aus dem Zuchtbehälter auf die Oberfläche des Aquariums gestreut werden.

Gemüse und Kräuter

Für unsere Aquarienbewohner, insbesondere Garnelen und Harnischwelse, werden viele Futtersorten auf pflanzlicher Basis hergestellt. Wir können ihnen ebenso Grünzeug aus Garten und Natur anbieten.

Salat

Antennenwelse der Gattung *Ancistrus* fressen in der Natur Aufwuchs von Wurzeln und Steinen. Im Aquarium können Sie ihnen vegetarische Kost wie Blattsalate, Spinat und Mangold in überbrühter oder gefrorener Form anbieten. Durch die Behandlung wird die Zellstruktur zerstört, sodass das Futter weich wird. Bitte bieten Sie nur Bio- oder sehr gut gewaschenes Gemüse an, damit keine Pestizide daran haften. Nicht gefressenes Futter wird, bevor es vergammelt, wieder aus dem Becken genommen.

Gartenkräuter

Im Garten oder auf der Fensterbank reichlich sprießende Kräuter wie Petersilie und Basilikum lassen sich gut an Garnelen verfüttern. Wiesenkräuter wie Löwenzahn und Spitzwegerich stellen ein ebenso tolles Garnelenfutter dar. Verwenden Sie bitte keine Giftpflanzen. Die Blätter werden abgewaschen und wie immer in heißem Wasser für ein bis maximal zwei Minuten kurz erhitzt, wodurch die stabilen Zellen des Blattes zerstört werden und es welk wirkt. Natürlich erntet man keine Wiesenkräuter dort, wo durch den Rasenmäher potenziell Öl oder Benzin an die Pflanzen gekommen sein könnten.

Als besonders delikat haben sich für Garnelen Brennnesseln herausgestellt, sodass entsprechende Sticks bereits speziell für Garnelen hergestellt werden. Beim Sammeln sollten Sie Gartenhandschuhe zu Ihrem Schutz tragen. Die Blätter können getrocknet, eingefroren oder kurz überbrüht werden, damit die Nesselkapseln zerstört und die Blätter im Aquarium weich werden. Getrocknet oder gefroren sind sie lange haltbar.

Gartenkräuter für den Winter

Da Brennnesseln und andere Kräuter bekanntlich nur von Frühjahr bis Herbst wachsen, kann man sie getrocknet an einem luftigen Platz lagern, damit sie im Winter schnell und einfach zur Verfügung stehen. Nur benötigen die Blätter dann leider ein bis zwei Tage, ehe sie im Aquarium absinken.

Daher sammele ich die Kräuter und erhitze die Blätter etwa eine Minute lang in heißem Wasser, sodass sie weich werden. Die abgetropften Blätter gebe ich in kleine Plastikdöschen und fülle sie zur Verhinderung der Austrocknung randvoll mit Wasser auf. Die Döschen

werden gut verschlossen und landen im Gefrierschrank.

Vor dem Verfüttern lasse ich die kleinen Boxen im Aquarienwasser schwimmen, damit der Rand antaut und ich den Frostwürfel entnehmen kann. In einem Becher gieße ich dann etwas Aquarienwasser dazu, damit der Block schneller auftaut. Das Wasser wird nach dem Auftauen abgegossen und die Blätter können verfüttert werden. Da sie, wenn anhaftende Luftblasen weggedrückt werden, sofort untergehen, stehen sie den Garnelen gleich als Futter zur Verfügung.

Algen

Gibt es im Aquarium für die Tiere zu wenige schmackhafte Grünalgen, so kann mit Algen aus der Natur nachgeholfen werden. Die schön schmierigen Grünalgen, die sich in nährstoffreichen Teichen oder Kübeln breit machen, sind eine willkommene Kost für Zwerggarnelen, die sich gierig darauf stürzen. Also nicht aufregen, wenn im kleinen Gartenteich die Algen an Steinen, Wurzeln und Pflanzen überhandnehmen, sondern ab damit ins Aquarium. Die Steine können Sie, wenn sie nicht zu groß sind, gleich komplett ins Becken legen.

TIPP

Wer keinen eigenen Garten hat oder in einer Großstadt wohnt, kann auf günstige Weise auf Wiesenkräuter zurückgreifen. Für Kaninchen und Chinchillas wird gepresstes Heu als Sticks angeboten. Bitte nehmen Sie nur das billigste als lose Ware, damit es keine Zusatzstoffe wie Kupfer oder andere für Nager gesunde Dinge enthält. Gepresst hat es den Vorteil, dass punktgenau und abgemessen gefüttert werden kann. Bitte füttern Sie in Maßen und nicht in Massen, denn verrottende Biomasse belastet die begeschränkte Wassermenge im Aquarium.

Tiere ohne allzu hohe **Ansprüche**

Den in diesem Kapitel vorgestellten Tieren genügen meistens Zimmertemperatur und Leitungswasser – das heißt natürlich nicht, dass man sie vernachlässigen darf.

S prechen wir einerseits über Umweltbewusstsein und andererseits über Sparsamkeit, so wählen wir die Tiere für unser Aquarium auch entsprechend aus. Dabei legen wir nicht Wert auf besonders billige Tiere, sondern auf Fische und Wirbellose, die mit geringem technischem Aufwand zu halten und natürlich auch zu vermehren sind.

Insbesondere Arten, die bei Temperaturen von 20 bis 25 °C zu halten sind, eignen sich für unsere Wohnungsaquarien, da eine Heizung meist entfallen kann. Es gibt sehr viele Fisch- und Wirbellosenarten, die vom Rand der tropischen über die subtropischen bis hin zu den gemäßigten Breiten vorkommen und jahreszeitliche Schwankungen der Temperatur und anderer Parameter gewohnt sind.

Umweltschutz heißt nicht, dass wir auf Wildfänge verzichten müssen, denn nur durch nachhaltige Nutzung von Biotopen können diese geschützt werden. Haben Fischfänger nicht mehr die Möglichkeit, ihrem Beruf nachzugeben, werden sie sich anderen Einkommensquellen widmen, und das führt häufig zur Zerstörung von Regenwäldern und Gewässern.

Hier im Buch habe ich Arten gewählt, mit denen ich selbst Erfahrungen gesammelt habe und die ich verantwortungsvollen Aquarianerinnen und Aquarianern empfehlen kann. Auch wenn sie keine allzu hohen Ansprüche an den Pfleger stellen, so sind doch ein paar Dinge zu beachten, damit es ihnen gut geht. Und was ist schöner, als wenn es uns unsere Pfleglinge mit Nachwuchs danken und wir damit zur Erhaltung der Arten im Aquarium beitragen können.

Bei den Garnelen und Krebsen habe ich mich auf kleine Arten konzentriert, die im Nano-Aquarium zu halten und zu züchten sind. Es gibt viele, die ähnliche Ansprüche stellen.

Die genannten lebendgebärenden Fische sind bezüglich pH-Wert und Wasserhärte anpassungsfähiger als eierlegende, da die Jungfischentwicklung vom Wasser unabhängig im Körper des Weibchens abläuft.

Bei den eierlegenden Fischen habe ich ganz verschiedene Typen gewählt, denn diese Vielfalt macht das Hobby Aquaristik und die Beschäftigung mit der Natur aus. Hier werden schaumnestbauende Makropoden, in Pflanzen und an Gegenständen laichende Fische, Arten, deren Männchen das Gelege in Höhlen bewachen, und Zwergbuntbarsche mit Elternfamilien vorgestellt.

Und wie Sie die genannten Tiere dann noch erfolgreich züchten, verrate ich Ihnen im Anschluss am Ende des Kapitels.

GUT ZU WISSEN

Caridina cf. *cantonensis* ist sehr variabel in der Färbung.

◀ **Bienengarnelen-Männchen auf** *einem Weibchen der Crystal-Red-Form.*

Die Aquaristik hat durch die Wirbellosen, insbesondere Zwerggarnelen, die letzten Jahre über einen regelrechten Boom erlebt. Waren es anfangs nur wenige kleine Zwerggarnelenarten, so kamen bald kleine Krebsarten und Schnecken hinzu.

Bienen-Zwerggarnele und Crystal Red
Caridina cf. *cantonensis*

Beschreibung: Diese Garnele ist sehr variabel gezeichnet. So gibt es sehr dunkle Tiere, Tiere mit viel Weiß und Garnelen mit gleichmäßiger Streifenzeichnung. Die Weibchen werden 25 mm groß, Männchen bleiben etwas kleiner. Werden die Weibchen geschlechtsreif, ist ihr Hinterleib tiefer nach unten ausgezogen und rundlich, um die an den Schwimmbeinen hängenden Eier zu schützen. Die rote Variante wird „Crystal Red" genannt, während die roten Tiere mit viel Weiß als „Red Bee" bezeichnet werden.

Pflege: Das Aquarium sollte mit Pflanzen, Steinen und Holz strukturiert sein. Insbesondere verschiedene Moos-Arten eignen sich sehr gut für die Einrichtung. Außerdem sollte sich etwas Herbstlaub von Eiche oder Buche im Aquarium befinden, das die Garnelen mit der Zeit auffressen. Die Wassertemperatur kann zwischen 15 und 26 °C liegen, während das Wasser weich bis mittelhart sein sollte. Ein pH-Wert um 6,5 ist ideal. Gefüttert wird mit überbrühtem Spinat und anderem Grünfutter. Herkömmliches Futter wird auch angenommen. Bienen-Zwerggarnelen reagieren schon auf die geringste Menge von Kupfer im Wasser sehr empfindlich. Kupfer stammt aus neuen Wasserleitungen, Durchlauferhitzern oder Medikamenten. Beim Wasserwechsel ist daher darauf zu achten.

Zucht: Aus den etwa 1,5 mm großen Eiern schlüpfen nach einer Tragzeit von drei bis vier Wochen 20–50 fertig entwickelte Junggarnelen. In alteingerichteten Aquarien finden die kleinen Garnelen meist so viel Futter, dass nicht zugefüttert werden muss. Junggarnelen können in Gesellschaft ihrer Eltern bleiben. Bei Temperaturen um 25 °C sind sie nach drei bis vier Monaten 2 cm groß und geschlechtsreif. Wenn alles optimal läuft, tragen die Weibchen etwa alle vier bis sechs Wochen Eier.

Fire-Zwerggarnele
Neocaridina heteropoda „Red"

GUT ZU WISSEN

Die Weibchen tragen die Eier an den Schwimmbeinen unter dem Hinterleib und stellen ihren Jungen nicht nach.

Beschreibung: Die deutschen Handelsnamen „Fire-Zwerggarnele" (Feuer-Zwerggarnele) beziehungsweise „Red-Cherry-Zwerggarnele" (Rote-Kirschen-Zwerggarnele) beziehen sich auf die feurigrote Körperzeichnung. Die normale Form dieser Art ist gräulich braun mit leichter Musterung. Die Farbe kann durch Sonnenlicht und Farbfutter wie getrocknete Karottenschnipsel oder Paprikapulver verstärkt werden. Bei dieser Farbform ist zu beobachten, dass nur die Weibchen kräftig rot werden und die Männchen mit wenig Rotfärbung am Körper sehr blass aussehen. Sind beide Geschlechter kräftig rot, heißt die Form „Sakura". Inzwischen gibt es auch eine gelbe und eine orangefarbene Variante. Die Weibchen der bis zu 25 mm groß werdenden Garnelen sind gut zu erkennen, wenn sie Eier tragen.

Pflege: Gern klettern die Garnelen auf feinen Pflanzen herum, und ein dunkler Bodengrund stellt einen schönen farblichen Kontrast dar. Sowohl hartes als auch weiches Wasser bei pH-Werten von 6 bis 8 sind geeignet. Temperaturen von 10–30 °C sind möglich. Lediglich Schwermetalle wie Kupfer und Fressfeinde scheinen dieser Zwerggarnele etwas anhaben zu können. Das ideale Futter sind Algen und anderes Grünfutter.

Zucht: Die Fire-Zwerggarnelen gehören zum spezialisierten Fortpflanzungstyp. Die Weibchen tragen je nach Größe 20–40 etwa 1 mm große Eier unter dem Hinterleib. Die Jungtiere schlüpfen bei etwa 25 °C nach rund vier Wochen und sind dann knapp 2 mm groß. Trotz der geringen Größe müssen die kleinen Zwerggarnelen nicht herausgefangen beziehungsweise gesondert gefüttert werden. Die Alttiere stellen ihren Jungen nicht nach, und in einem alt eingerichteten Aquarium mit Mulm am Boden, Javamoos und Algen finden sie genügend Futter, um innerhalb von drei Monaten geschlechtsreif zu werden.

Orangefarbener Zwergkrebs
Cambarellus patzcuarensis „Orange"

Beschreibung: Der Orangefarbene Zwergkrebs oder kurz CPO (steht für *Cambarellus patzcuarensis* „Orange") ist die Zuchtform einer graubraun gefärbten Stammform. Die Tiere werden etwa 4 cm groß, wobei die Weibchen breiter und größer sind. Die Männchen sind an den beiden Begattungsgriffel-Paaren (Gonopoden) zu erkennen.

Pflege: Die Orangefarbenen Zwergkrebse bevorzugen entsprechend ihrer Heimat ein mittelhartes bis hartes Wasser bei einem pH-Wert über 7 und Temperaturen zwischen 15 und 25 °C. Bei höheren Temperaturen ab 22 °C sollte darauf geachtet werden, dass die Aquarien gut belüftet sind, um den Sauerstoffgehalt hoch zu halten. Durch regelmäßige, nicht zu extreme Wasserwechsel muss die Wasserbelastung durch Stickstoffverbindungen (Nitrat/Nitrit) möglichst niedrig gehalten werden. Wie bei der ursprünglichen Form *Cambarellus patzcuarensis* sollte das Aquarium gut strukturiert sein, um reichlich Kletter- und Versteckmöglichkeiten zu bieten. Dann können sich die Tiere aus dem Weg gehen und Jungtiere bei den Eltern aufgezogen werden.

Zucht: Eine Vermehrung der Zwergkrebse erfolgt nur bei passenden Wasserwerten. Große Weibchen können bis zu 60 Eier tragen, wobei meist nicht so viele Jungtiere aufwachsen werden. Wichtig für eine Aufzucht zusammen mit den Eltern scheinen eine Laubschicht und Mulm am Boden zu sein, in denen sich die Kleinen aufhalten und Nahrung finden können. Die Weibchen benötigen genügend kleine Höhlen, in die sie sich während der Tragzeit zurückziehen können.

Bemerkungen: Im Aquarium bietet sich die Vergesellschaftung der Orangefarbenen Zwergkrebse mit Zwerggarnelen nicht an, da die Garnelen als Futter angesehen werden.

Louisiana-Zwergflusskrebs
Cambarellus shufeldtii

TIPP

Mit maximal 30 mm Länge eignen sich diese Zwergflusskrebse auch für kleinere Aquarien.

Beschreibung: Lousiana-Zwergflusskrebse sind braun bis grau gefärbt, mit vier dunklen Längsstreifen oder mit in unregelmäßigen Reihen angeordneten Punkten. Die Weibchen werden mit 30 mm Länge etwa 5 mm größer als die Männchen, sind in Aufsicht breiter und wirken insgesamt bulliger. Die Geschlechter kann man einfach an den paarigen Begattungsgriffeln (Gonopoden) der Männchen erkennen, die bereits ab 15 mm Körperlänge gut zu erkennen sind. Außerdem haben die Männchen längere Scheren.

Pflege: Die Krebse lassen sich in weichem bis hartem Wasser bei einem pH-Wert um 7 halten. Die Temperatur sollte zwischen 15 und 25 °C liegen. Höhlen sollten einen maximalen Durchmesser von 2 cm haben, da sie sonst nicht als Versteck angenommen werden. Eine Mulmschicht und Laub am Aquarienboden dienen als zusätzliches Futter. Die Zwergkrebse fressen keine gesunden Pflanzen. Moose, *Anubias* und Javafarn sind gute Kletterpflanzen, auf und in denen sich die Krebse aufhalten. Gefüttert wird mit Buchenlaub, Wasserflöhen und sonstigem Fischfutter.

Zucht: Sie Krebse vermehren sich ganzjährig. Wenn die Jungen die Mutter verlassen, sind sie etwa 4 mm groß und halten sich wenig versteckt in allen Bereichen des Aquariums auf. Die Weibchen tragen nur 10–30 Eier. Nach drei bis vier Monaten sind die kleinen Krebse geschlechtsreif.

Bemerkungen: Lousiana-Zwergflusskrebse sind sehr friedlich. Untereinander kommt es selten zu ernsthaften Rangeleien. Auseinandersetzungen werden durch Drohungen mit den Scheren ausgemacht. Der Ängstlichere gibt dann in der Regel nach. Nur wenn sich ein Tier frisch gehäutet und keinen sicheren Versteckplatz gefunden hat, kann es sein, dass ihm ein Artgenosse ein oder mehrere Gliedmaßen abschneidet. Diese wachsen bei den nächsten Häutungen jedoch wieder nach. Ähnlich kleine Arten sind *Cambarellus puer* und *Cambarellus schmitti*. Etwas größer wird *Cambarellus montezumae*.

Schnecken

BEKÄMPFUNG VON SCHNECKEN

Schnecken vermehren sich stark, wenn mehr gefüttert wird als die anderen Tiere in kurzer Zeit fressen können. Wollen Sie die Anzahl der Schnecken reduzieren, so darf das auf keinen Fall mit chemischen Mitteln erfolgen. Sie können ein überbrühtes Blatt Salat verfüttern und die Schnecken dann davon absammeln. Eine Reduzierung der Futtermengen verhindert darüber hinaus, dass sich die Schnecken wieder zu stark vermehren. Im Handel gibt es Schneckenfallen, bei denen Sie jedoch aufpassen müssen, dass keine Fische hineingeraten. Werden Schnecken im Aquarium zerdrückt, werden sie von vielen Fischen gern gefressen.

◄ *Oben eine* Blasenschnecke, *und unten greift eine Raubschnecke eine Posthornschnecke an.*

Schnecken fressen Algen und Futterreste. Sie sollten daher in keinem Aquarium fehlen.

Posthornschnecken, *Planorbarius corneus*, werden meist bis zu 1,5 cm groß, sind flach und sehen aus wie ein Posthorn. Sie sind meist bräunlich, aber es gibt auch rötliche Zuchtformen. Die Eier werden in einem flachen Gelege an Scheiben und Einrichtungsgegenständen abgelegt.

Blasenschnecken, *Physella acuta*, bleiben etwas kleiner als Posthornschnecken, sind bräunlich und besitzen ein gedrehtes, spitz zulaufendes Gehäuse. Ihre Gelege sind glibberig.

Turmdeckelschnecken, *Melanoides tuberculata*, leben im Gegensatz zu den anderen beiden Arten vornehmlich im Bodengrund. Sie haben ein gedrehtes, sehr spitz zulaufendes Gehäuse, sind hellbraun gefärbt und können ihr Gehäuse mit einem Deckel fest verschließen. Diese Schnecken sind lebendgebärend. Sie lockern durch ihre Grabaktivitäten den Bodengrund auf.

Raubschnecken, *Anentome helena*, werden nur bis zu 2 cm groß und sind hell und dunkel quergestreift. Sie werden nicht nur wegen des schönen Aussehens gehalten, sondern auch, weil sie sich von anderen Schnecken und ihren Gelegen ernähren. Diese Art lediglich als Schneckenbekämpfer einzusetzen, ist nicht der richtige Ansatz. Die Zucht im Aquarium ist gut möglich.

Lebendgebärende Fische

GUT ZU WISSEN

Guppy-Weibchen können den Samen der Männchen speichern und mehrere Würfe Jungfische bekommen, ohne neu begattet worden zu sein. Das abgebildete Tier ist ein Männchen.

L ebendgebärende Fische gelten als anspruchslos, sodass schnell zu Guppy, Platy, Molly und Schwertträger gegriffen wird. Allerdings gibt es auch einige Arten, die gar nicht so leicht zu pflegen sind.

Guppy
Poecilia reticulata
Beschreibung: Guppy-Männchen werden ohne Schwanz bis zu 3 cm groß und sind sehr farbenprächtig. Wildformen tragen kurze Flossen. Bei Zuchtformen gibt es Männchen mit vergrößerten Schwanzflossen. Die Weibchen sind unscheinbarer gefärbt, werden größer und fülliger. Es gibt verschiedene Zuchtformen mit fast allen vorstellbaren Farbkombinationen.
Pflege: Guppys kommen inzwischen weltweit in verschiedensten Gewässern bei etwa 20–30 °C Wassertemperatur vor. Entsprechend sind sie sowohl in weichem als auch hartem Wasser bei sauren oder alkalischen Wasserwerten halt- und züchtbar. Allerdings sollten Sie als Ausgangstiere für Ihr Aquarium Guppys wählen, die unter ähnlichen Verhältnissen wie in Ihrem Aqua-

rium aufgewachsen sind. Guppys bevorzugen viel freien Schwimmraum, ziehen sich aber gelegentlich auch in die Randbepflanzung zurück. Junge Guppys orientieren sich stark an der Oberfläche und suchen dort in den Schwimmpflanzen Schutz. Ein Aquarium für diese Kärpflinge wird mit feinen Hintergrundpflanzen eingerichtet, die sich auch über die Wasseroberfläche ausbreiten können. Feine Holzwurzeln sowie Laub am Boden geben dem Aquarium Struktur und bieten den Weibchen Versteckplätze, falls die Männchen zu stark treiben. Guppys fressen gern schwarze Mückenlarven, weshalb sie eine weltweite Verbreitung als Mückenvertilger gefunden haben. Darüber hinaus nehmen sie gern Grünfutter an und zupfen an Algen.
Zucht: Guppys sind Lebendgebärende, bei denen sich insbesondere die Wildformen sehr stark vermehren können. Ein großes Weibchen bringt einmal im Monat bis zu 100 Junge zur Welt, die mit kleinen Futtertierchen aufgezogen werden können. Guppys können daher als Futterfische für andere Fische gezüchtet werden.

Platy
Xiphophorus maculatus

GUT ZU WISSEN

Vom Platy gibt es eine Vielzahl von Zuchtformen in unterschiedlichen Farben und mit den verschiedensten Zeichnungen.

Beschreibung: Der Spiegelkärpfling, *Xiphophorus maculatus*, auch Platy genannt, ist ein sehr variabel bunt gezeichneter Aquarienfisch. Neben seiner gegenüber seinen Verwandten geringeren Größe von bis zu 6 cm bei den Weibchen unterscheidet der Platy sich durch seinen gedrungenen Körperbau, was ihn „niedlicher" erscheinen lässt. Männchen haben ein Gonopodium (zur Spermienübertragung umgebildete Afterflosse) und die Weibchen sind größer und dicker.

Pflege: Platys bevorzugen mittelhartes bis hartes Wasser bei einem pH-Wert zwischen 7 und 8. Die Temperatur sollte zwischen 20 und 27 °C liegen. Damit ist keine Heizung notwendig und auch im Sommer gibt es keine Probleme. Einige Aquarienstämme sind an leicht saures, weiches Wasser gewöhnt. Wenn Sie daheim entsprechendes Wasser haben, können Sie diese Stämme wählen. Wer besonders toll entwickelte und kräftige Nachzuchten erzielen will, setzt seine Tiere im Sommer ab 20 °C Wassertemperatur in den Gartenteich und fängt sie samt Nachwuchs im Frühherbst wieder heraus.

Das Aquarum muss mindestens 60 cm lang sein, wobei den Fischen neben Versteckplätzen in dichtem Pflanzenwuchs auch ausreichend Schwimmraum zur Verfügung stehen sollte. Es ist ratsam, mehr Weibchen als Männchen zu halten, weil die Weibchen so häufiger Pause vor den aufdringlichen Männchen haben können. Die Fütterung erfolgt mit Lebendfutter, Grünfutter und Algen.

Zucht: Die frisch geborenen Jungfische sind bereits gut 5 mm groß und können mit feinem Lebendfutter versorgt werden. Da die Alttiere während und kurz nach der Geburt gelegentlich ihre Jungen fressen, werden an der Wasseroberfläche Bereiche mit vielen feinen Pflanzen eingerichtet, in denen sich die Kleinen verstecken können.

Zwergkärpfling
Heterandria formosa

GUT ZU WISSEN

Die Weibchen der Zwergkärpflinge setzen nicht alle Jungtiere auf einmal ab, sondern gebären über mehrere Tage hinweg immer nur ein bis zwei Junge pro Tag, was als Superfötation bezeichnet wird.

Beschreibung: Der Zwergkärpfling gehört zu den kleinsten Lebendgebärenden Zahnkarpfen. Die Männchen dieser Art werden nur etwa 2 cm und die Weibchen 3,5 cm groß. Auf gelblich braunem Körper verläuft ein breites, dunkles Längsband. Die Flossen sind transparent. Die Männchen sind schlank und besitzen ein Gonopodium, während die Weibchen fülliger sind.

Vorkommen: Zwergkärpflinge kommen aus dem Südosten der USA und sind in ganz Florida verbreitet. Sie bewohnen stark verkrautete Teiche oder Tümpel und kommen nicht in Fließgewässern vor. In den Pflanzen verstecken sie sich und suchen nach kleinem Lebendfutter.

Pflege: Das Aquarium für diese geselligen Fische sollte dicht bepflanzt sein, denn sie sind keine Freiwasserschwimmer. Die Wasserwerte sind nebensächlich. So fühlen sich Zwerg-

kärpflinge sowohl in weichem als auch in hartem Wasser bei einem pH-Wert um 7 wohl. Temperaturschwankungen über den Tag als auch über das Jahr hinweg fördern die Gesundheit. Es ist keine Heizung notwendig, wenn die Wassertemperatur zwischen 15 und 30 °C schwankt und normalerweise zwischen 20 und 25 °C liegt. Die Fische sollten in einer Gruppe gehalten werden, in der die Anzahl der Weibchen größer ist, damit sie sich gelegentlich von den Zudringlichkeiten der Männchen ausruhen können. Als Futter wird kleines Lebendfutter wie *Cyclops* oder *Artemia* sowie Mikro gereicht.

Zucht: In dicht bepflanzten Becken ist die Zucht der Zwergkärpflinge einfach, wenn viel kleines Lebendfutter angeboten wird und das Aquarium dicht genug bewachsen ist. Die Alttiere stellen dann den Jungfischen nicht nach, sodass sie bei ihnen aufwachsen können.

Eierlegende Fische

D ie meisten Fische gehören zu den eierlegenden Arten. Viele betreiben dennoch Brutpflege, doch ihre Jungfische sind oft anfangs kleiner, sodass sie entsprechend kleines Futter wie Infusorien benötigen.

Paradiesfisch
Macropodus opercularis
Beschreibung: Die Färbung der Makropoden, auch Paradiesfische genannt, ist blau-rot, wobei die Männchen farbintensiver sind und verlängerte Flossen besitzen. Als Labyrinthfische atmen sie zusätzlich Luft an der Wasseroberfläche.
Pflege: Makropoden sind friedlich gegenüber anderen Fischarten. In kleineren Aquarien sollte man allerdings immer nur ein Männchen halten. Sie benötigen mindestens 60 cm lange Becken. Es kommt dabei auf die Wasseroberfläche und nicht auf die Tiefe des Aquariums an, da sie auch in der Natur oberflächenorientiert sind. Eine dichte Aquarienbepflanzung insbesondere mit Schwimmpflanzen wie dem Hornfarn bietet sich an, da die Fische keine starken Schwimmer sind und in den Pflanzen ihr Schaumnest bauen. Die Zimmertemperatur ist für die Haltung völlig ausreichend. Auch die Haltung in einem kleinen Teich ist im Sommer problemlos möglich. An die Wasserwerte werden keine besonderen Ansprüche gestellt. Bei mir war die Haltung und Zucht bei recht weichem und leicht saurem Wasser erfolgreich. Die Tiere fressen gern Lebendfutter wie Mückenlarven und Wasserflöhe.
Zucht: Um die Fische zu vermehren, wird häufiger Wasser gewechselt und mit schwarzen Mückenlarven gefüttert. Das Männchen baut an der Wasseroberfläche ein Schaumnest aus Blasen, unter dem es beim Ablaichen das Weibchen umschlingt. Die Eier werden ins Nest gespuckt, das vom Männchen bewacht wird. Sollte es sein Weibchen zu stark verfolgen, muss dies herausgefangen werden. Die Larven wachsen im dichten Pflanzendickicht auf und finden dort anfangs Nahrung. Danach wird mit Infusorien, Essigälchen und *Artemia*-Nauplien gefüttert.

Purpurkopfbarbe
Puntius nigrofasciatus

TIPP

In einem nicht zu hellem Aquarium mit dunklem Bodengrund kommen die Farben der Purpurkopfbarben (hier ist ein Männchen abgebildet) besser zur Geltung und die Fische fühlen sich wohler.

Beschreibung: Purpurkopfbarben besitzen auf hellem Grund drei breite Querstreifen. Beim Weibchen ist die Rückenflosse nur zur Hälfte schwarz gefärbt, während das Männchen in Ablaichstimmung komplett dunkel wird und einen kräftig roten Kopf bekommt.

Pflege: Purpurkopfbarben kommen auf Sri Lanka sowohl im Hochland als auch im Tiefland in Bächen vor, sodass sie ein breites Temperaturspektrum von 20 bis 27 °C vertragen. Das Wasser sollte weich bis mittelhart und leicht sauer sein. Die eher bodenorientierten Barben benötigen keine hohen Aquarien, aber eine Beckenlänge ab 80 cm, da eine Gruppenhaltung zu empfehlen ist. Gegenüber anderen Mitbewohnern sind Purpurkopfbarben friedlich. Sie können gut mit anderen Fischen vergesellschaftet werden. Kleinen Garnelen stellen die Barben jedoch sowohl in der Natur als auch im Aquarium nach. Die Ernährung sollte möglichst abwechslungsreich sein. Gern fressen die Purpurkopfbarben Lebendfutter.

Zucht: Bei einer Aquarieneinrichtung mit viel Moos und anderen feinen Pflanzen laichen die Purpurkopfbarben gern in der dichten Vegetation ab. Das Männchen wird dunkel und bekommt den roten Kopf, der für den Namen der Art verantwortlich ist. Ist das Aquarium nicht zu dicht besetzt, überleben immer ein paar Jungfische bei den Eltern. Will man mehr Junge aufziehen, kann man die Eltern herausfangen. Die Aufzucht ist mit kleinem Lebendfutter einfach und im Moos finden die Kleinen immer etwas Fressbares. Das Wachstum ist vergleichsweise langsam und die Fische werden erst mit etwa einem Jahr geschlechtsreif.

Vietnamesischer Kardinalfisch
Tanichthys micagemma

Beschreibung: Die Vietnamesischen Kardinalfische werden nur bis zu 3 cm groß und sind damit nur halb so groß wie ihre größeren Verwandten *Tanichthys albonubes* (die „klassischen" Kardinalfische). *Tanichthys micagemma* zeigen eine bräunliche Grundfarbe mit hellem Längsstreifen und eine Rotfärbung in Schwanz- und Rückenflosse. Männchen sind intensiver gefärbt und besitzen eine größere Rückenflosse, während die Weibchen durch den Laichansatz fülliger wirken.

Pflege: Da die kleinen Vietnamesischen Kardinalfische sehr schwimmfreudig sind, die Männchen die Weibchen heftig anbalzen und ihre Rivalen durch das Aquarium treiben können, sollte das Becken im Hintergrund und am Boden reichlich mit feinen Pflanzen versehen werden. Auf eine Heizung kann verzichtet werden, denn die Fische bevorzugen Zimmertemperaturen um 20 °C. Langfristig höhere Temperaturen

über 25 °C mögen sie nicht, kränkeln dann leicht und werden nicht alt. Das Wasser kann weich bis hart bei einem pH-Wert um 7 sein. An Futter fressen die Kardinälchen alles, was in das kleine Maul passt, am liebsten natürlich Lebendfutter.

Zucht: Die Zucht der Vietnamesischen Kardinalfische ist einfach. Nach heftigem Balzen und Treiben laicht das Paar in feinen Pflanzen ab. Der Laich wird gelegentlich gefressen, doch sollte trotzdem genügend Nachwuchs überleben. Die Jungen schlüpfen nach etwa zwei Tagen und werden nach dem Freischwimmen mit Infusorien gefüttert. Meist finden sie allerdings in den feinen Pflanzen genug Erstnahrung. Nach einer Woche nehmen sie frisch geschlüpfte *Artemia* an. Hält man mehrere Männchen in einem Aquarium, stecken sie kleine Reviere ab und führen Imponiertänze vor ihren Rivalen auf.

Perlhuhnbärbling
Danio margaritatus

TIPP

Perlhuhnbärblinge sind allein gehalten extrem scheue Fische, die Sie in einem größeren Aquarium kaum zu Gesicht bekommen. Daher können Sie sie, um ihnen die Scheu zu nehmen, mit kleinen, nicht so ängstlichen Fischen vergesellschaften.

Beschreibung: Der Perlhuhnbärbling, auch Galaxy-Bärbling genannt, erhielt seinen deutschen Namen aufgrund der hellen Punkte auf dunklem Untergrund, die an die Zeichnung der afrikanischen Perlhühner oder an die einer Galaxie am Nachthimmel erinnern. Er wird in der Literatur auch unter dem wissenschaftlichen Namen *Celestichthys margaritatus* geführt. Die Männchen zeichnen sich durch intensiv rote Flossen aus, während die der Weibchen blasser sind. Die Fische werden nur 3 cm groß und sind recht ängstlich.

Pflege: Eine sehr dichte Bepflanzung bis unter die Wasseroberfläche ist im hinteren Bereich des Aquariums absolut notwendig, damit sich diese zurückhaltenden Fische vor den neugierigen Blicken des Aquarianers verstecken können. Ein dunkler Bodengrund und Schwimmpflanzen wirken bei dieser Art ebenfalls farbfördernd. Die Fische sind anspruchslos und lassen sich in mittelhartem Wasser bei pH-Werten um 7 gut halten und züchten. Die Temperatur sollte nicht zu hoch sein und kann zwischen 20 und 23 °C liegen. Die Fütterung erfolgt am besten mit feinem Lebendfutter.

Zucht: Die Bärblinge laichen bei regelmäßigen Wasserwechseln bereitwillig in feinen Pflanzen ab. Sie sind nach meiner Erfahrung allerdings extreme Laichfresser, die kaum ein Ei übersehen. Jungfischen wird dagegen nicht nachgestellt. Für die Zucht können Sie ein separates Aquarium mit viel Moos einrichten. Die Alttiere werden zwei Wochen lang nach Geschlecht getrennt gehalten und mit Lebendfutter gefüttert. Setzen Sie eine kleine Gruppe dann ins Zuchtaquarium und fangen Sie sie nach zwei Tagen wieder heraus, um die Jungfische allein aufzuziehen. Die Aufzucht der Kleinen erfolgt in den ersten Tagen mit Infusorien und später mit *Artemia*-Nauplien.

Regenbogen-Shiner
Notropis chrosomus

GUT ZU WISSEN

Es gibt Shiner aus verschiedenen Regionen im Handel, die sich in der Färbung und bezüglich der zum Ablaichen bevorzugten Temperatur unterscheiden.

Beschreibung: Regenbogen-Shiner werden bis zu 7 cm groß. Männchen tragen auf Kopf und Körper bläulich irisierende Glanzschuppen. Die Weibchen besitzen, wenn überhaupt, nur sehr wenige Glanzschuppen, sind etwas größer als die Männchen und fülliger.

Pflege: Regenbogen-Shiner aus Nordamerika sind in der Natur über das Jahr hinweg unterschiedlichen Temperaturen ausgesetzt, weshalb sie im Aquarium zwischen 10 und etwa 25 °C gehalten werden können. Der pH-Wert sollte um 7 beziehungsweise leicht darüber liegen. Ein pH-Wert unter 6 wird nicht gut vertragen. Eine gute Durchlüftung und Wasserbewegung sind empfehlenswert. Die Fische fühlen sich in einer Gruppe ab zehn Tieren sichtlich wohler. Da die Shiner sehr ausdauernde und aktive Schwimmer sind, sollte das Aquarium für eine Gruppe ab 1 m lang sein. Die Bepflanzung erfolgt nur am Rand, damit genug Schwimmraum bleibt.

Zucht: Nur wohl genährte Regenbogen-Shiner laichen auch ab. Daher sollten Sie sie gut mit schwarzen Mückenlarven oder anderem gehaltvollen Futter ernähren. Für eine gezielte Zucht empfiehlt es sich, eine Schale mit Kieseln (Durchmesser etwa 1–3 cm) ins Aquarium zu stellen. Zum Ablaichen färben sich die Fische leuchtend rosarot. Die Männchen zeigen zusätzlich ihr irisierendes Blau. Die Fische laichen über hellen oder weißen Kieseln ab. Der Laich fällt dann in die Zwischenräume und kann von den Eltern nicht mehr erreicht werden. Die Schale kann nun entnommen und die Jungtiere können in einem anderen Becken nach etwa 48 Stunden zum Schlupf gebracht werden. Nach etwa fünf Tagen beginnen die Jungen, frisch geschlüpfte *Artemia*-Nauplien oder Mikrowürmchen zu fressen. Bei guter Pflege können sie bereits nach sechs Monaten geschlechtsreif sein.

Kap Lopez
Aphyosemion australe

GUT ZU WISSEN

Der Begriff Killifisch beschreibt kein „Killerverhalten" sondern ergibt sich aus dem holländischen Begriff „Kills" für kleine Gräben, in denen viele Killifische zuhause sind.

Beschreibung: Dieser Prachtkärpfling wird bis zu 6 cm groß und ist insbesondere im männlichen Geschlecht sehr farbenprächtig. Die Männchen besitzen lang ausgezogene Flossen, während die der Weibchen rundlich sind. Einer gelben Zuchtform fehlt die dunkle Grundfarbe.

Pflege: Für die Einrichtung des Aquariums eignen sich Javamoos und andere feinfiedrige Pflanzen. Etwas Fasertorf und Laub am Aquarienboden simulieren die natürlichen Biotope. Dunkler Bodengrund und nicht zu helle Beleuchtung verstärken die Farben der Fische. Dieser Killifisch sollte bei Temperaturen um 22 °C, also bei Zimmertemperatur, gehalten werden. Weiches bis mittelhartes Wasser im leicht sauren Bereich um pH-Wert 6 ist passend. Die Fütterung erfolgt möglichst mit feinem Lebendfutter wie *Cyclops*, schwarzen Mückenlarven, kleinen Wasserflöhen oder *Artemia*.

Zucht: Die Fische laichen nach interessanter Balz in feinen Pflanzen ab. Die Eier können abgesammelt und, wie bei einigen Killifischen üblich, in feuchten Torf überführt werden. Geschützt von einer Plastiktüte entwickeln sie sich in einem Zeitraum von einigen Wochen. Gibt man die fertigen Eier dann ins Wasser, verlassen die Jungfische nach kurzer Zeit die Eihülle. Sie können mit frisch geschlüpften *Artemia*-Nauplien aufgezogen werden. Alternativ belässt man die Eier im Aquarium und nach etwa zwei Wochen schlüpfen die Jungen, die nach dem Freischwimmen gefüttert werden. In einem kleineren Aquarium hält man als Zuchtansatz ein Männchen und zwei bis drei Weibchen. Mehrere Männchen können in einem Aquarium ab 60 cm Länge gepflegt werden und zeigen dann ihr interessantes Imponiergehabe. Allerdings sollten Sie genau aufpassen, dass im Aquarium kein Tier unterdrückt wird.

Marmorierter Panzerwels
Corydoras paleatus

Beschreibung: Marmorierte Panzerwelse werden gut 6 cm groß. Weibchen sind fülliger, größer und haben rundere Bauchflossen als die Männchen. Neben der grau marmorierten Form gibt es eine weiße, albinotische Zuchtform.

Pflege: Aufgrund der weiten Verbreitung in Südamerika (auch in subtropischen Bereichen) weisen diese Panzerwelse eine hohe Temperaturtoleranz auf. Sie sind erfolgreich zwischen 18 und 28 °C zu halten, weshalb keine Heizung notwendig ist. Das Wasser kann weich bis mittelhart sein und der pH-Wert zwischen 6 und 8 liegen. Panzerwelse sind Gruppentiere und sollten daher in Gesellschaft ab fünf Tieren gehalten werden. *Corydoras* leben bodenorientiert. Daher sollte das Aquarium nicht zu dicht bepflanzt werden, damit genügend Platz zum Gründeln im feinen, nicht scharfen Kies und Sand bleibt. Schwimmpflanzen oder auf Wurzeln aufgebundene Pflanzen bieten sich an. Gefüttert wird abwechslungsreich. Gern wird Lebendfutter gefressen.

Zucht: Die Zucht ist recht einfach. Nach einigen Wochen ohne Wasserwechsel und bei wenig Futter wird häufiger viel Wasser gegen kälteres ausgetauscht und mit kräftigem Lebendfutter wie Mückenlarven und Schlammröhrenwürmern (*Tubifex*) gefüttert. Die Weibchen legen die bis zu 150 klebenden Eier nach und nach an den Pflanzen oder der Aquarienscheibe ab. Möchten Sie die Jungfische gesondert aufziehen, können die Eier mit den Fingern vorsichtig von der Scheibe abgenommen und in Aufzuchtbecken überführt werden. Die Jungfische schlüpfen nach etwa fünf Tagen und werden, sobald der Dottersack aufgebraucht ist, mit feinem Futter wie Mikrowürmchen und *Artemia*-Nauplien aufgezogen. Bei genug Mulm im Becken finden sie darin genügend zusätzliche Nahrung.

Brauner Ohrgittersaugwels
Otothyropsis piribebuy LG 2

GUT ZU WISSEN

Bei der Paarung stellt sich das Männchen des Ohrgittersaugwelses quer vor die Schnauze des Weibchens, ähnlich wie wir es von den Panzerwelsen kennen.

Beschreibung: Die nur maximal 4 cm groß werdenden Ohrgittersaugwele oder kurz KBOs (Kleine Braune Otos) sind braun marmoriert und damit nicht so „farbenprächtig" wie ihre schwarz-weiß gezeichneten Verwandten der Gattung *Otocinclus*, die man öfter im Zoofachhandel findet. Die Geschlechter sind nicht ganz einfach zu unterscheiden. Weibchen werden etwas größer und kräftiger als die Männchen.

Pflege: Dank ihrer Herkunft aus Paraguay benötigen diese Ohrgittersaugwele keine Heizung. Die Temperatur sollte zwischen 18 und 25 °C liegen, während der pH-Wert in weichem bis mittelhartem Wasser um 7 beziehungsweise im leicht sauren Bereich eingestellt wird. Der pH-Wert liegt bei mir im leicht sauren Bereich in weichem Wasser. Den substratorientierten Fischen sollte man breitblättrige Pflanzen, Wurzeln sowie glatte Steine anbieten. Die Tiere bevorzugen natürlichen Aufwuchs und fressen am liebsten kleine Grünalgen. Gefrorene oder überbrühte Pflanzen aus dem Garten werden natürlich ebenso gefressen. Darüber hinaus wird feines Lebend- oder Frostfutter nicht verschmäht. Da die kleinen Welse sehr gesellig sind, sollten Sie sie unbedingt in einer kleinen Gruppe halten.

Zucht: Nach einem kräftigen Wasserwechsel und guter Fütterung laichen die Welse bereitwillig an Pflanzen oder an der Aquarienscheibe ab. Der Schlupf der Larven erfolgt nach etwa vier Tagen, und genauso lange dauert es noch einmal, bis der Dottersack aufgebraucht ist. Die maximal 3 mm großen Jungfische benötigen dann eine intensive Fütterung. Eine reichliche Gabe von *Artemia*-Nauplien fördert das schnelle Wachstum. Die jungen Welse können dann nach sechs Monaten bereits geschlechtsreif sein.

Brauner Antennenwels
Ancistrus sp.

Beschreibung: Der braune *Ancistrus*, wie man ihn regelmäßig im Zoofachhandel antrifft, ist heute keiner bestimmten Art mehr zuzuordnen. Vermutlich wurden über die Jahre hinweg immer wieder verschiedene Arten miteinander vermischt. Die Braunen Antennenwelse werden bis zu 15 cm groß. Die Männchen bekommen antennenartige Auswüchse am Kopf, von denen sie ihren Namen haben. Bei den Weibchen sind diese, wenn überhaupt, nur am Schnauzenrand vorhanden.

Pflege: Da die Ursprungstiere vermutlich auf eine Art aus Argentinien zurückgehen, können die Braunen Antennenwelse bereits bei 22 bis 24 °C gehalten und gezüchtet werden. Fragen Sie am besten beim Züchter der Tiere nach, bei welchen Temperaturen er sie hält. Ausgewachsene *Ancistrus* benötigen ein Aquarium ab 80 cm Länge. Auch wenn sie nicht viel schwimmen, so fressen sie doch genug, sodass ein zu kleines Wasservolumen schnell verschmutzt ist. In zu kleinen Becken können Männchen untereinander unverträglich sein, weshalb jedem Tier mindestens eine Höhle (etwa eine Tonröhre) angeboten werden muss, in die es gerade so hineinpasst. Gefressen werden Grünalgen und verschiedenes Grünfutter, das die Antennenwelse mit den kleinen Zähnen im Maul abraspeln.

Zucht: Wird regelmäßig Wasser gewechselt, ausreichend gefüttert und steht dem Männchen eine längliche, hinten geschlossene Höhle zur Verfügung, so vermehren sich die Tiere von allein. Die Antennenwelse laichen in der Höhle ab. Der Laichklumpen, der bei ausgewachsenen Weibchen über 100 Eier umfasst, wird vom Männchen bewacht. Erst wenn der Dottersack aufgebraucht ist, verlassen die Jungfische die Höhle. Sie können einfach mit überbrühtem oder gefrorenem Gartengemüse aufgezogen werden.

Gelber Zwergbuntbarsch
Apistogramma borellii

GUT ZU WISSEN

Gelbe Zwergbuntbarsche, die von ihren Eltern aufgezogen wurden, werden meist selbst gute Eltern. Daher lässt man die Jungfische bei den Eltern, bis sie selbstständig sind.

Beschreibung: Gelbe Zwergbuntbarsche werden im männlichen Geschlecht bis zu 6 cm groß. Die Weibchen bleiben mit 4 cm wie bei allen *Apistogramma*-Arten deutlich kleiner. Während die Weibchen zur Brutzeit das klassische Gelb mit einem zickzackförmigen Längsstreifen zeigen, weisen die Männchen einen blaumetallisch gefärbten Körper auf. Der Kopf der Männchen ist kräftig gelb gefärbt, wobei sich bei einigen Exemplaren und Zuchtformen das Gelb über den ganzen Körper erstrecken kann. Ihre Schwanzflosse ist groß und rund, während die Rückenflosse hoch und lang nach hinten ausgezogen ist.

Pflege: Die Haltung der Gelben Zwergbuntbarsche erfolgt paarweise in einem gut mit Wurzeln und Pflanzen strukturierten Aquarium. Größere Blätter von Eichen, im Herbst gesammelt, imitieren das Falllaub des natürlichen Lebensraums. Die Fische haben keinen großen Platzanspruch, wobei in kleineren Aquarien immer nur ein Männchen zu halten ist. Das Aquarium muss nicht hoch sein, da die Tiere sehr bodenorientiert leben. Höhlen aus kleinen, halbierten Kokosnüssen oder Ton dürfen zum Verstecken und als Laichplatz nicht fehlen. Das Wasser sollte weich bis mittelhart und leicht sauer (pH-Wert um 6) sein. Mit etwa 23 °C muss die Temperatur nicht sonderlich hoch sein. Werden die Fische zu warm gehalten, altern sie nämlich sehr viel schneller. Als Futter nehmen die Gelben Zwergbuntbarsche gern Lebendfutter wie Mückenlarven, *Cyclops* oder Wasserflöhe an.

Zucht: Die Art ist ein Höhlenlaicher. Das Weibchen übernimmt die Betreuung der Jungfische, während das Männchen das Revier verteidigt. Ohne Feindfische kann es vorkommen, dass sich der Vater ebenfalls an der Betreuung der Brut beteiligt.

Zwergschwarzbarsch
Elassoma evergladei

GUT ZU WISSEN

In einem kleinen Aquarium können bis zu drei Pärchen Zwergschwarzbarsche gehalten werden. Die Männchen beziehen kleine Reviere, die sie mit Imponiertänzen gegen die anderen verteidigen.

Beschreibung: Der Zwergschwarzbarsch bleibt mit knapp 3,5 cm recht klein. Während Männchen im Balzkleid auf schwarzem Grund hellblau schimmernde Glanzschuppen tragen, sind Weibchen mit Laichansatz gräulich mit dickem, rosa Bauch.

Pflege: Aquarien für Zwergschwarzbarsche müssen mit feinen Pflanzen dicht bepflanzt sein. Ein Plätzchen, das etwas Sonnenlicht abbekommt, fördert die Algenbildung und die darin vorkommenden Kleinstlebewesen. Je gammeliger das Aquarium aussieht, desto wohler fühlen sich die Fische. Auf gute Wasserwerte muss dabei natürlich trotzdem geachtet werden. Weiches bis mittelhartes Wasser bei einem pH-Wert um 7 ist für die Pflege der Zwergschwarzbarsche geeignet. Die Temperaturen können über das Jahr zwischen 10 und 25 °C schwanken. Gefres-

sen wird ausschließlich kleines Lebendfutter wie *Cyclops*, kleine Mückenlarven, Wasserflöhe und *Artemia*-Nauplien.

Zucht: Die Zucht ist recht einfach, insbesondere wenn die Zwergschwarzbarsche für ein paar Wochen bei 10–15 °C überwintert werden. Das Männchen tanzt förmlich vor dem Weibchen, ehe dieses in feinen Pflanzen seinen Laich abgibt. Je nach Temperatur schlüpfen die Jungen nach bis zu fünf Tagen, kleben dann an Scheiben oder Pflanzen und schwimmen ab etwa dem fünften Tag nach dem Schlupf frei. Ab dann wird kleines Lebendfutter wie etwa *Artemia*-Nauplien gefressen. Aufgrund des schnellen Wachstums sind pro Jahr bis zu drei Generationen möglich. Die Erwachsenen stellen bei ordentlicher Fütterung ihrem Nachwuchs nicht nach.

Eigene Nachzucht

Müssen Nachzuchten aus Südostasien um den halben Erdball geflogen werden, um in europäischen Aquarien zu landen? Nicht unbedingt. Es besteht ja auch die Möglichkeit, seine Fische selbst nachzuziehen. Und für viele Aquarianer macht gerade das den Reiz der Aquaristik aus.

Voraussetzung der gelungenen Nachzucht sind allerdings gesunde Eltern. Generell gilt für Fische das Gleiche wie für uns Menschen. Fühlen sich die Tiere wohl, haben sie ein starkes Abwehrsystem und werden seltener krank. Die Behandlung einer Krankheit ist weitaus aufwändiger und darüber hinaus belastender für den Fisch als die richtige Pflege.
Daher sind folgende Aspekte zu beachten:

▶ Halten Sie die Fische bei der passenden Wassertemperatur.
▶ Stellen Sie Wasserparameter wie Härte und pH-Wert richtig ein.
▶ Richten Sie das Aquarium fischgerecht ein, zum Beispiel mit Pflanzen, Verstecken oder Höhlen.
▶ Füttern Sie abwechslungsreich und das, was die Fische brauchen.
▶ Setzen Sie die Fische möglichst wenig Stress durch Feindfische, Überbesatz oder fehlende Verstecke aus.
▶ Hantieren Sie so wenig wie möglich im Aquarium. Denn auch das ist Stress für die Fische.
▶ Führen Sie regelmäßige Wasserwechsel durch und achten Sie auf die Wasserqualität, zum Beispiel einen niedrigen Nitratwert.

In einem Aquarium sind die Wasserparameter in der Regel immer schlechter und die Keimbelastungen höher als in der Natur, denn wir haben mehr Fisch pro Liter und weniger Wasseraustausch.

Krebse und Garnelen

Die meisten Garnelen und alle Krebsarten, die wir halten, lassen sich im Aquarium züchten.

Wirbellose benötigen eine gute Wasserqualität bei einer geringen Belastung mit Nitrat und Nitrit. Daher ist eine gute Filterung wichtig, die von regelmäßigen Wasserwechseln begleitet wird. Viele Arten sind Bachbewohner und daher hohe Sauerstoffkonzentrationen gewohnt, die wir im Aquarium am besten durch einen mit einem Luftheber betriebenen Filter erreichen. Mattenfilter sind dabei am besten geeignet, da die Tiere darauf herumklettern und Nahrung finden können.

TIPP

Im Fachhandel sind Seemandelbaumblätter zu kaufen, die eine antibakterielle, pilzhemmende und insgesamt positive Wirkung auf die Gesundheit von Fischen haben. Eine ähnliche Eigenschaft haben Walnussblätter, die in unseren Breiten häufig zu finden sind. Die Blätter werden frisch vom Baum gepflückt und dann getrocknet. Geben Sie bis zu drei Blätter in ein 100-l-Aquarium. Die Blätter lösen sich langsam auf und werden darüber hinaus von Harnischwelsen und Garnelen gefressen.

Viele Aquarianer verstehen unter einem sauberen Aquarium, dass Algen, zerfallende Blätter und was sich sonst noch am Boden sammelt, kurz als Mulm bezeichnet, nichts im Aquarium zu suchen haben. Alles wird pikobello gereinigt. Sauberkeit ist für Krebse und Garnelen allerdings etwas anderes als für uns Aquarianer. Erfolgreiche Züchter kümmern sich um das Wasser und bieten den Tieren Bedingungen, die an die Natur angelehnt sind. Zwerggarnelen und Krebse finden in der Natur ihre Nahrung in Ansammlungen von Laub und verrottendem Material. Dort ernähren sie sich von Laub und Mikroorganismen, die Zwerggarnelen auch von Algen. Das Gleiche gilt für die Jungtiere. Weniger Reinigung ist daher häufig viel besser für die Haltung und Zucht.

Ein Zuchtaquarium, in dem kleine Garnelen und Krebse aufwachsen sollen, wird daher mit viel Laub (zum Beispiel von Buchen) und mit Moosen eingerichtet, auf denen die Jungtiere Futter finden. Für die Zucht von Krebsen ist es wichtig genug Höhlen anzubieten, in die die Tiere gerade so hineinkrabbeln können. Für Jungkrebse sind diese entsprechend kleiner. Untereinander sind einige Krebsarten unverträglich. Können sich die Babys nach der Häutung nicht verstecken, werden sie von ihren Geschwistern gefressen. Mulm aus im Aquarium ausgedrücktem Filtersubstrat bietet kleinen Garnelen und Krebsen genügend Futter.

Zwerggarnelen des spezialisierten Typs (etwa Bienen- oder Red-Fire-Garnelen) tragen ihre 20–60 Eier etwa vier Wochen lang. Daraus schlüpfen voll entwickelte Babygarnelen von etwa 1 mm Größe, die bereits selbstständig nach Futter suchen. Sie werden von den Eltern nicht gefressen, können aber Fischen zum Opfer fallen, weshalb ein Zuchtaquarium mit Zwerggarnelen keine entsprechenden Fische beheimaten sollte. Die Gesellschaft von Harnischwelsen

der Gattung *Ancistrus*, die sich hauptsächlich von Grünfutter ernähren, ist allerdings günstig, denn die kleinen Garnelen verwerten auch den Kot der Welse.

Zwergkrebse der Gattung *Cambarellus* aus Nordamerika werden maximal 4,5 cm groß und sind daher gut in kleineren Aquarien zu halten. Untereinander sind sie friedlicher als die größeren Arten, weshalb die Aufzucht von kleinen Krebsen im Aquarium der Eltern erfolgen kann.

Die Begattung findet meist kurz nach der Häutung der Weibchen statt. Die Paarung der Krebse erfolgt, indem das Männchen das Weibchen mit seinen großen Scheren an dessen Scheren ergreift und auf den Rücken oder die Seite dreht. Dem Weibchen wird ein Spermienpaket zwischen die Schreitbeine geheftet. Weibchen tragen ihre Eier zwei bis vier Wochen lang, je nach Art und Temperatur. Trägt das Weibchen Eier, zieht es sich in eine Höhle zurück, wo es ungestört ist. Es frisst dann kaum etwas. Die Jungkrebse verbleiben nach dem Schlupf am Hinterleib der Mutter und häuten sich dort mehrfach. Wenn sie ihre Mutter mit etwa 2 mm

KREBSPEST

Alle amerikanischen Krebsarten sind potenzielle Überträger der Krebspest, die die einheimischen Krebsarten (insbesondere den Edelkrebs *Astacus astacus*) tötet. Daher darf man nie Krebse aus dem Aquarium in der Natur aussetzen. Das gilt auch für Gartenteiche, da Krebse lange Strecken über Land laufen und damit in Edelkrebsgewässer gelangen können! Aus Umweltaspekten sollte man daher von der Haltung amerikanischer Krebsarten, insbesondere vom Marmorkrebs *Procambarus fallax* f. *virginalis* und dem Sumpfkrebs *Procambarus clarkii*, abgesehen werden, da sich die Tiere sehr gut vermehren und bei uns den Winter in der Natur überleben können.

Länge verlassen, sind sie selbstständig und fressen bereits kleines Futter.

Lebendgebärende Fische

Lebendgebärende Fische bringen, wie der Name schon sagt, fertig entwickelte Jungfische zur Welt. Dazu gehören insbesondere die Lebendgebärenden Zahnkarpfen wie Guppys, Platys, Schwertträger oder Zwergkärpflinge. Die Jungfische sind direkt nach der Geburt selbstständig und müssen mit feinem Futter ernährt werden. Die meisten Lebendgebärenden fressen kleines Lebendfutter wie *Artemia*-Nauplien, *Cyclops*, Mikrowürmchen oder Essigälchen.

Steht kein Lebendfutter zur Verfügung, aber man benötigt feines Futter für kleine Jungfische, kann man ergänzend auf Eigelb und Paprikapulver zurückgreifen. Eier werden hart gekocht, und ein wenig zwischen den Fingern klein geriebenes Eigelb wird auf die Wasseroberfläche gestreut. Ebenso kann das Gewürz Paprika edelsüß benutzt werden, das sehr fein ist und außerdem die rote Färbung bei Fischen fördert. Bioware ist natürlich vorzuziehen.

Da viele Lebendgebärende ihren eigenen Jungfischen nachstellen, richten Sie das Aquarium mit vielen feinen Pflanzen ein, die unter der Wasseroberfläche schwimmen. Wer mehr kleine Fische aufziehen möchte, setzt das schwangere Weibchen, erkennbar am dicken Bauch, vorsichtig in ein mit vielen Pflanzen eingerichtetes Aquarium. Hat es seine Babys bekommen, wird es wieder zurückgesetzt. Einige Arten, wie der Zwergkärpfling *Heterandria formosa*, vermehren sich mit Superfötation. Das heißt, die Jungfische werden nicht alle auf einmal geboren, sondern entwickeln sich nach und nach im Bauch der Mutter, wodurch alle paar Tage nur wenige Jungtiere geboren werden.

Eierlegende Fische

Die meisten Fische legen Eier. Grob können wir dabei Arten unterscheiden, die Laich und Jungtiere bewachen und Arten, die Eier und Jungfische ihrem Schicksal überlassen. Da die Jungfische bei Arten, die ihre Brut betreuen, geschützter aufwachsen, ist die Eianzahl häufig niedriger als die bei Arten ohne Brutpflege.

▼ **Bei den** *Zwergkärpflingen werden die Jungen nicht auf einmal, sondern im Abstand von einigen Tagen geboren.*

▲ **Bei Labyrinthfischen** *wie dem Schwarzen Spitzschwanzmakropoden (Pseudosphromenus cupanus) bauen die Männchen Schaumnester, in denen sie Eier und Larven pflegen.*

Um Fische zu züchten, die Eier legen, müssen die Wasserwerte besser an ihre Bedürfnisse angepasst sein als bei Lebendgebärenden, da die Eier direkt dem Wasser ausgesetzt sind. Somit sollten Sie sich mit der Herkunft ihrer Fische beschäftigen.

Warum verpilzen Eier?

Der einfachste Grund für das Verpilzen von Eiern im Aquarium ist, dass sie unbefruchtet sind. Beim Ablaichen müssen sich Spermien und Eier erreichen können.

Sollten die Eier aufgrund der hohen Keimdichte im Aquarium verpilzen und absterben, so müssen die Wasserparameter angepasst werden. Häufig gibt es Probleme bei Fischen, die aus saurem Milieu bei niedrigem pH-Wert kommen. In saurem Wasser können sich Keime

schlechter entwickeln und somit die Eier weniger angreifen. Höhere pH-Werte im Aquarium verbunden mit der im Vergleich zur Natur sehr hohen Fischdichte sind eine gute Basis für die Keimentwicklung.

Fische, die ihren Laich und ihre Brut betreuen, verteidigen ein mehr oder weniger kleines Revier. Ein Aquarium ist häufig zu klein für die Eltern und andere Fische, da sie in der Enge nicht ausweichen können. Daher halten gewissenhafte Aquarianer immer ein Ausweichaquarium für die unterlegenen Tiere bereit. Bei einigen Arten wie (zum Beispiel bei Labyrinthfischen) betreut nur das Männchen das Nest und verscheucht das Weibchen.

Achten Sie auf das Verhalten Ihrer Fische. Bieten sie den unterlegenen Tieren viele Verstecke in Form von Pflanzen, Wurzeln und Steinen und strukturieren Sie das Aquarium, damit die Fische kleine Reviere bilden können. Gestresste Fische setzen Sie in ein anderes Aquarium um.

Sind die Elterntiere nicht in der Lage, ihre Brut oder Jungfische zu betreuen, dann läuft

ANSÄUERN UND KEIMHEMMUNG

Um Aquarienwasser anzusäuern und gleichzeitig die Keim- und Bakterienbelastung zu reduzieren, können Erlenzäpfchen und Walnussblätter verwendet werden. Sie benutzen dazu die dunkelbraunen Erlenzäpfchen, die sich geöffnet haben. In weichem Wasser können maximal zwei auf 10 l und in härterem Wasser auch mehr genommen werden. Die Erlenzäpfchen färben das Wasser braun, säuern es an und haben eine keimhemmende Wirkung. Walnussblätter weisen eine ähnliche antibakterielle Wirkung wie Seemandelbaumblätter auf. Walnussblätter werden frisch vom Baum gepflückt und dann getrocknet. Geben Sie bis zu drei Blätter in ein 100-l-Aquarium.

TIPP

In einem Aquarium mit viel Moos und einer Mulmschicht finden die meisten Jungfische ausreichend Futter für die ersten Tage ihres Lebens. Somit sind sauberes Wasser und ein lange laufendes Aquarium mit vielen Mikroorganismen die besten Grundlagen für eine erfolgreiche natürliche Fischzucht.

etwas verkehrt. Fressen die Eltern die Eier oder Kleinen, dann stimmen die Wasserwerte nicht oder die Elterntiere haben es nicht gelernt, Kinder aufzuziehen. Möglicherweise müssen sie noch etwas üben.

Nehmen Sie den Alttieren die Eier oder Jungfische weg, weil sie ihre Eier oder Babys fressen, und ziehen Sie die Jungen künstlich auf, dann können die Kleinen nicht von ihren Eltern lernen. Das ist keine Basis für eine nachhaltige Zucht und sollte daher nicht gemacht werden.

Fische, die viele Eier legen und sich dann nicht mehr darum kümmern, sind gleichzeitig häufig Eierfresser. Das heißt, sie laichen über Kies, an Pflanzen oder Einrichtungsgegenständen ab und fressen im Anschluss ihren Laich wieder auf. Aufgrund der vielfach großen Eimenge wollen wir gar nicht alle Jungtiere aufziehen. Daher reicht es meist aus, das Aquarium bei Freilaichern, die ihre Eier über oder in Pflanzen abgeben, mit einem dichten Pflanzendickicht zu versehen. Darin finden die Fische dann nicht jedes Laichkorn.

Sie können sich ein spezielles Ablaichaquarium anlegen. Bei vielen Arten wie Salmlern hilft es, die Geschlechter getrennt zu halten und gut zu füttern. Dann werden die Zuchttiere ins Ablaichbecken gesetzt. Dieses hat die für die Zucht notwendigen Wasserwerte. Haben die Tiere abgelaicht, werden sie wieder zurück in ihr Aquarium gesetzt und die Babyfische getrennt aufgezogen.

Ein Ablaich- und Aufzuchtaquarium ist praktisch eingerichtet und nicht steril. Ich persönlich lehne es aus Nachhaltigkeits- und Umweltgründen ab, mit Chemie oder einer UV-Lampe alle Keime im Aquarium zu töten, um jedes Ei bis zum Fisch aufzuziehen. Solche in steriler Umgebung aufgewachsenen Fische sind krankheitsanfälliger und schwächer, da ihnen die Gewöhnung an die Umgebung fehlt und keine natürliche Selektion stattfindet. Es klingt etwas hart, aber nur die Jungfische, die den Aquarienbedingungen gewachsen sind, werden groß und stark. Wir als Aquarianer sind für eine Auslese verantwortlich und dürfen nur mit kräftigen Elterntieren züchten.

▼ *Die Kiesel,* *zwischen denen Regenbogen-Shiner in der Natur ablaichen, kann man auch mit Glasmurmeln imitieren.*

Service

Hier finden Sie Adressen, Links und Publikationen rund um die energiesparende und umweltverträgliche Aquaristik.

Literatur

Umweltbewusstsein, Sparsamkeit und Tiere aus gemäßigten Breiten finden Sie in verschiedenen Aquaristikmagazinen und Büchern, allerdings selten als Schwerpunktthema.

Brunner, B. (2011): Wie das Meer nach Haus kam – die Erfindung des Aquariums. Berlin.
Anschaulich beschreibt Bernd Brunner die Geschichte der Aquaristik (auch) fernab des heutigen technologieorientierten Hobbys.

Kasselmann, C. (2009): Taschenatlas Aquarienpflanzen. Stuttgart.
Es werden 200 Pflanzen in Wort und Bild beschrieben und es wird ein praxisbezogener Überblick über die beliebtesten und wüchsigsten Aquarienpflanzen gegeben.

Kasselmann, C. (2010): Aquarienpflanzen: 450 Arten im Porträt. Stuttgart.
Es werden alle handelsrelevanten Arten der Aquarienpflanzen mit ihren Bedürfnissen und Biotopen ausführlich vorgestellt, woraus die Bedingungen für das eigene Aquarium abgeleitet werden können.

Quante, K. (2008): Garnelen und Krebse im Aquarium. Stuttgart.
Es werden Garnelen und Krebse für kleinere und größere Aquarien sowie deren Haltung und Zucht vorgestellt.

Quante, K. (2010): Nano-Aquaristik. Praxis, Tipps und Tiere für kleine Aquarien. Stuttgart.
Es werden Hinweise aus der Praxis mit verschiedenen Tipps gegeben, die sich auf eine erfolgreiche Nano-Aquaristik beziehen.

Quante, K. (2011): Ihr Hobby. Nano-Aquarien.
Das Buch aus dieser Ihr-Hobby-Reihe liefert für den Einsteiger die wichtigsten Informationen.

Internet

Ich beschränke mich auf wenige Hinweise, die jedoch mit ihren Linklisten Ausgangspunkt für weitere Seiten sind.

www.aquaristik-consulting.de
Auf meiner Internetseite stelle ich meine Erfahrungen vor und gebe Tipps zur Haltung und Zucht vieler Tiere.

www.aquarienclub.de
Die Seite des Aquarienclub Braunschweig e. V. bietet mit dem online-Vereinsmagazin Fishlight eine Fülle von aquaristischen Artikeln.

www.aquarium-guide.de
Auf sehr ansprechende Weise stellt Roland Selzer viele Tiere, Pflanzen und Technik vor. Außerdem gibt es ein Magazin und ein Lexikon für Fachbegriffe.

www.aquariummagazin.de
Das Online-Aquarium-Magazin (OAM) bietet monatlich kostenlos eine Vielzahl von Artikeln zum Download an.

www.heimbiotop.de
Insbesondere Aquarienpflanzen und Wirbellose werden von Maike Wilstermann-Hildebrand ausführlich und mit eigenen Erfahrungen vorgestellt.

www.rhusmann.de/aqua
Renate Husmann beschreibt auf ihrer Seite verschiedene lesenswerte Erfahrungen aus ihrem Aquaristikleben, unter anderem zu Fischkrankheiten.

www.tuempeln.de
Christian Westhäuser beschäftigt sich vornehmlich mit dem Fang und der Zucht von Lebendfutter.

www.wirbellose.de
Diese Internetseite über wirbellose Tiere des Süßwassers bietet eine umfangreiche Artendatenbank, Erfahrungsberichte, Kleinanzeigen und eine Mailingliste für Wirbellosen-Verrückte.

Vereine

Der **Verband Deutscher Vereine für Aquarien- und Terrarienkunde e. V.** (VDA, www.vda-online.de) stellt über seine Vereine und Arbeitskreise ein umfassendes Angebot zur Verfügung. Unter diesen sind vor allem die unten genannten für Aquarianer interessant, die sich mit energiesparender Aquaristik befassen wollen.

Insbesondere der VDA-Arbeitskreis Kaltwasserfische und Fische der Subtropen (AKFS, www.akfs-online.de) beschäftigt sich mit Fischen, die in ungeheizten Aquarien gehalten werden können.

Der VDA-Arbeitskreis Wirbellose in Binnengewässern (AKWB, www.wirbellose.de/akwb) beschäftigt sich mit allen Wirbellosen wie Garnelen und Krebsen, die aus dem Süßwasser kommen und meist mit wenig (Energie-) aufwand gehalten werden können.

Bildquellen

Dennerle GmbH: S. 30
Eheim GmbH & Co. KG: S. 6, 10, 12, 13, 19
Flubacher, H.: Zeichnungen S. 14, 18, 32, 47
Gehring, O.: Zeichnungen S. 15
Giesemann Lichttechnik und Aquaristik GmbH: S. 2, 8, 9, 11, Umschlag hinten (oben)
JBL GmbH & Co. KG: S. 20, 21
Merino, J. C.: S. 59
Seidel, I.: S. 66, 68
Alle übrigen Abbildungen einschließlich des Titelfotos stammen vom Autor.

Autor und Verlag danken den Firmen Dennerle, Eheim, Giesemann und JBL dafür, dass sie freundlicherweise Bildmaterial für dieses Buch zur Verfügung gestellt haben.

Register

Haftungsausschluss
Autor und Verlag haben sich um richtige und zuverlässige Angaben bemüht. Fehler können jedoch nicht voll- ständig ausgeschlossen werden. Eine Garantie für die Richtigkeit der Angaben kann daher nicht gegeben werden. Haftung für Schäden und Unfälle wird aus keinem Rechtsgrund übernommen.

Bibliografische Information der Deutschen Nationalbibliothek
Die Deutsche Nationalbibliothek verzeichnet diese Publikation in der Deutschen Nationalbibliografie; detaillierte bibliografische Daten sind im Internet über http://dnb.d-nb.de abrufbar.

© 2012 Eugen Ulmer KG
Wollgrasweg 41, 70599 Stuttgart (Hohenheim)
E-Mail: info@ulmer.de
Internet: www.ulmer.de
Herstellung, Satz, Repro: Michael Kokoscha, Oberhausen
Umschlagentwurf: Sojus Design / Kai Twelbeck, Stuttgart
Druck und Bindung: Westermann Druck, Zwickau
Printed in Germany

ISBN 978-3-8001-7723-3

Aquarienpraxis auf den Punkt gebracht

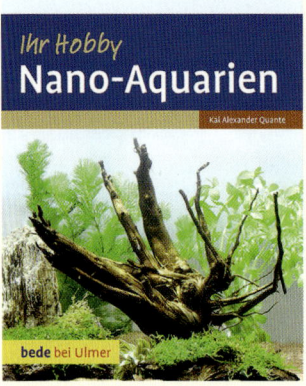